U0208444

伴你健康每一天

饮食健康智慧王系列

肠道排毒
养生事典

第2版

庄福仁 编 著

萧千佑 审订推荐

江晃荣 审订推荐

中国纺织出版社

天然排毒食物 乐活肠道

中国台湾前长庚医院肝胆肠胃科主治医师

肠道的健康可以说是主宰人体健康的重要指标，过去人们大多重视心脏、肝脏、脑部或血液的健康，鲜少有人对肠道的健康加以关注。

然而肠道中的淋巴细胞就约占人体的70%，可说是人体中最大的免疫器官。肠道中有着上兆的细菌生态量，肠道的生态情况可说是人体健康的指标。谁能说肠道健康不重要呢？

本书从肠道器官的消化功能着手，在食物的整个消化过程中，分析肠道在消化与吸收中扮演的角色，让你了解肠道在消化、吸收与代谢中发挥哪些重要功能。

接着还会通过肠道中细菌生态的探索，让你一窥肠道与免疫力的关联性，帮助你了解肠道为何主宰着人体的健康，如果肠道环境恶劣，人体会出现哪些不适症状，若不重视肠道健康，人体又会罹患哪些可怕的慢性疾病。

提到肠道健康，就不能忽略便秘的问题。现今大多数上班族正饱受便秘的困扰，便秘的原因与生活习惯的不正确有关。

本书将带你探讨容易引起便秘的生活方式，帮助你找出改善便秘的解决对策，并与你分享最能够改善便秘症状的食物与妙方，协助你排除这一困扰。

本书将介绍最好的39种健肠食物，包括水果类、海菜类、菇蕈类、蔬菜类、五谷杂粮类与饮品类，深度分析每一种食物的整肠营养特性，建议每一种整肠食物的排毒吃法，并列出值得推荐的整肠食谱，这些内容对于你日常进行肠道保健时，能发挥实用的帮助。

外在的良好运动、按摩习惯、正确简单的呼吸调整方法，也是保持良好代谢力的有效法宝。你可从各种简单实用的操作方法中，学习到肠道的日常保健之道!

本书可说是有用的肠道保健指南，也能有效针对便秘者及深受肠道之苦者提供实用的改善方法，希望每个人都能从中获得实际的帮助，并且从此享有持久平衡的肠道健康!

庄福仁

学历
中国台湾大学医学系

经历
中国台湾前长庚医院肝胆肠胃科主治医师
中国台湾前长庚医院内科主治医师
中国台湾前联安诊所健检主治医师

著作
《肠道排毒自然养生法》
《胃病调理特效食谱》
《肝病调理特效食谱》

做好体内环保 肠保健康

中国台湾长庚技术学院养生保健饮食讲师&营养师

　　著名的美国生化学和营养学家Paavo Airola说过："很多人一直在研究长生不老的秘诀，不过没有比大肠健康更重要的了。"

　　肠道是我们的第一道防线，所有的食物和毒素经由摄取后，都是通过肠道的处理后吸收，因此肠道扮演着非常重要的关键角色。

　　当肠道累积太多毒素时，不仅人体会吸收这些毒素，危害健康，肠道本身也会受到破坏，一旦此道防线溃堤，整体健康也会跟着亮起红灯。

　　肠道环境的恶化，会反映在皮肤、精神、免疫等方面，倘若无法顺利排毒，擦再多的保养品，喝再多的提神保健品，都难以取得效果，因为最根本的问题没有解决，其他方式都是缘木求鱼。

　　本书介绍了对肠道排毒非常好的各类知识和有效方式，从了解肠道的结构和运作方式开始，让读者了解肠道的重要性，从而开始注意自己的肠道健康，同时也针对恼人的便秘问题，提供最有效的策略，让你尽快摆脱便秘的痛苦，神清气爽、活力无穷。

萧千佑

学历

中国台北医学大学保健营养学博士进修

中国台北医学大学保健营养学硕士

现任

中国台湾长庚技术学院

疾病营养学、美容营养学、养生保健饮食概论　讲师

肠道保健：养生的不二法门

生物化学博士＆中国台湾生物科技开发基金会董事长　江晃荣

近年来全世界兴起了养生保健的热潮，养生保健产品琳琅满目，养生排毒方法五花八门，消费者难以判断产品好坏，更不用说是选择正确的排毒养生法了。

在我们的认知中，而肠道只是消化系统的器官之一而已。事实上，肠道不止是消化与吸收，也与排毒有关，更是确保身体健康的关键器官。

食物靠人体中的酶消化后进入小肠，而唯有肠道健康，才能将食物充分吸收，创造新的营养物质及血液等，否则吃下再丰富的食物都没用。

我们常有经验，吃了复合维生素后上厕所，小便是深黄色的，这是因为吸收率低而排掉的缘故，可见肠道吸收养分的多少是健康的关键。

要维持肠道健康并非易事，所涉及范围很广，肠道保健食物的选择是首要工作，而肠道中微生物菌群的消长变化，有益乳酸菌、有害细菌、寡糖、维生素与酶等，彼此间复杂的关连，都与肠道保健有关。

本书就是针对这些主题而撰写，内容极为丰富完整，值得当代人学习借鉴。

江晃荣

学历
生化博士、日本京都大学博士后研究
中国台湾大学农业化学系（现改为生化技术学系）毕业

现任
中国台湾生物科技开发基金会董事长、台湾自然医学会会长
任教中国台北医学大学、世新大学等

如何使用本书

随着生活步调越来越紧张，上班族的工作压力也越来越大，常常忽视自己身体发出的警讯，让健康濒临疾病边缘而不自知。许多当代人深受便秘之苦，却讳疾忌医，或任其恶化而不知如何改善保养。

有鉴于此，本书由食材功能及营养角度切入，提供简易的肠道排毒食谱，让读者自行参考，摄取相关的营养素。但实际状况会依个人体质、性别、年龄、病史等不同因素而有差异。若遇有特殊情况或重大疾病者，建议仍应依循医疗专业渠道寻求协助。

● 食材基本介绍
包括该食材图片、英文名称、性味以及保健功效。

● 主要营养成分
以表格呈现该食材每100克中主要营养素的含量。

● 食疗效果
对该食材的营养素及对人体的益处做概括性介绍。

● 营养师小叮咛
从营养师的角度叮咛读者食用该食材时，应如何处理才不致流失该食材之营养素，以及其他的注意事项。

● 医师提醒您
从医师的角度提醒读者该食材适合哪些人，以及对人体健康应注意的事项。

● 排毒成分
以表格形式清楚列出该食材的主要排毒成分，并说明该排毒成分对肠道健康的主要疗效。

❶ 整肠排毒营养素简介
对该食材的整肠排毒营养素做较详细的叙述，让读者更清楚该营养素对肠道的作用及功能。

❷ 最佳食用方式
提供该食材几种最佳的搭配食用方法，使读者易于了解"这样吃"对肠道健康有什么益处。

❸ 注意事项
提醒读者该食材可能引起哪些症状，并对该食材的处理方式提出建议。

❹ 健肠料理
每项食材提供4道健肠料理食谱及烹调方式。

❺ 营养分析小档案
每一道食谱均提供热量、蛋白质、脂肪、糖类、膳食纤维之营养分析。

❻ 整肠效果分析
解析该食谱对于整肠排毒的效果及其营养价值。

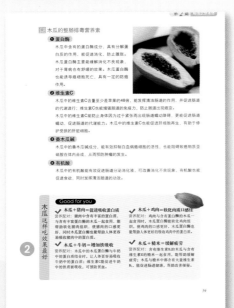

目录

C O N T E N T S

目录

CONTENTS

目 录

第 ③ 篇　肠道身体革命

Chapter 1　肠道保健常见问题

Chapter 2　肠道年龄与健康

◎单位换算

1杯＝240毫升＝16大匙	面粉1杯＝120克
1大匙＝15毫升＝3小匙	1小匙＝1茶匙＝5毫升
半茶匙＝2.5毫升	

◎烹调中所用油如无特别注明，均为一般食用植物油。所用葱
小葱，如用大葱应酌量减少，正文中不再说明。
◎为便于读者理解，本书中热量单位均采用"千卡"。千卡与千
焦的换算如下：
　　1千卡＝4.184千焦
◎本书中食谱仅为辅助食疗，不能代替正式的治疗。且效果会
人体质、病史、年龄、性别、季节、用量差异而有所不同。
有不适，以遵照医生的诊断与建议为宜。

第 **1** 篇

肠道排毒革命

你对自己的消化系统了解多少呢

肠道负责我们每天吃进食物的吸收与消化

同时兼有排出毒素与废物的功能

可以说是排毒最重要的器官之一

下面我们就来认识肠道的构造与生态

Chapter 1
健康关键在肠道

　　肠道是司掌人体消化的主要器官，人体所吃下去的各种食物，都需要经过肠道的消化作用。了解肠道的结构，并理解肠道的消化运作原理，将能帮助我们更清楚肠道的重要性。

食物的消化旅行

　　人体的胃肠，如何吸收每天摄取的食物呢？食物的消化为什么会碰到问题？过油或过腻的饮食，为什么会造成人体无法消化的现象呢？理解食物在体内的消化旅行，你将对消化系统的构造有更进一步的认识。

消化系统构造图

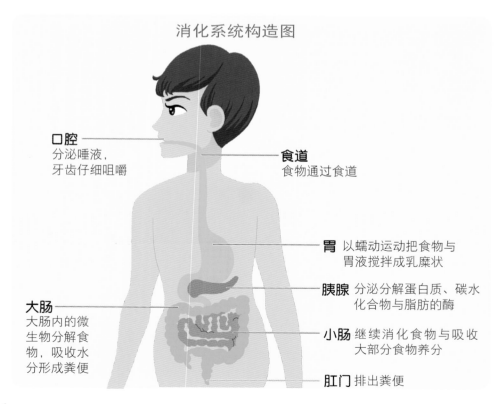

口腔
分泌唾液，
牙齿仔细咀嚼

食道
食物通过食道

胃 以蠕动运动把食物与
胃液搅拌成乳糜状

胰腺 分泌分解蛋白质、碳水
化合物与脂肪的酶

大肠
大肠内的微
生物分解食
物，吸收水
分形成粪便

小肠 继续消化食物与吸收
大部分食物养分

肛门 排出粪便

💜 认识你的肠道结构

人体的消化系统从口腔开始，经过了喉咙、食道、胃、小肠、大肠、肛门，整个消化管道的长度共约9米之长。

这条消化系统的主要职责就是消化所摄取的食物，将食物中的营养成分吸收并代谢之后形成粪便，排出身体之外。

通常整个消化过程大约需12小时，才能将食物从漫长的消化道中慢慢消化吸收完毕。

💜 消化系统如何运作

人体的消化系统分工非常精密，肠道需要与胃部、肝脏、食道、胰腺一起共同运作，才能通力将所摄取的食物消化完成。以下对消化系统各部位稍作简介。

口腔：通过牙齿将食物咬碎，并分泌唾液以混合食物，然后吞下食物进入食道，继而进入胃部。

胃：通过口中的唾液与胃液，在胃部共同将食物进行分解与消化。胃部接受食物后，会向脊髓发出食物送达胃的讯号。接着胃液与胃蛋白酶共同分解食物，使食物被消化吸收。分解后的食物会呈现粥状，流入小肠。

脊髓：食物消化吸收的过程中，脊髓也会参与并发挥功能。当食物送达胃部时，脊髓收到胃部食物消化的讯号后，主要经交感及副交感神经系统，将讯号送达小肠与大肠，促使食物在肠道中移动。

小肠：小肠的长度约为6米，主要包含有衔接胃部出口的十二指肠、空肠与回肠。小肠与肝脏、胰腺共同运作，消化食物中的脂肪与蛋白质，并运用小肠黏膜吸收营养物质。

十二指肠：与肝脏、胰腺共同运作。肝脏、胆囊分泌消化液，主要功能是分解脂肪；胰腺分泌胰液，主要为了分解蛋白质与脂肪。碱性的消化液对送达的食物进行分解。

空肠：空肠吸收分解后的氨基酸、葡萄糖、维生素、矿物质与脂肪酸，通过血管与淋巴将营养成分送达全身。

回肠：吸收食物中的养分、矿物质与水分，把剩余的食物残渣移送到大肠。

大肠：从小肠送到大肠的食物残渣中，有90%是水分，大肠将吸收液状食物残渣中的水分与矿物质，最后剩余的物质会形成粪便。

盲肠与阑尾：主要功能是接收小肠送过来的食物残渣，防止食物残渣出现逆流现象。

结肠：升结肠吸收食物的水分，使食物残渣形成半液态状粪便；横结肠继续吸收液态食物残渣中的水分，形成粥状的粪便。粥状粪便移送到降结肠，形成固态的粪便。乙状结肠留存粪便，等到粪便堆积到一定量时，通过蠕动送到直肠。

直肠：粪便抵达直肠时，会将讯号送达大脑产生便意。大肠通过蠕动产生腹压，放松肛门排出粪便。

食物消化的过程

器官		消化过程中扮演的角色
口腔		◆ 食物被牙齿咬碎，口腔分泌唾液以混合食物，然后吞下食物进入食道，通过食道后进入胃部。
胃		◆ 胃部接受食物后，会向脊髓发出食物送达胃部的讯号。 ◆ 胃液与胃蛋白酶共同分解食物，使食物被消化及吸收。 ◆ 食物呈现粥状，流入小肠。
脊髓		◆ 胃部通过脊髓发出食物消化讯号。
小肠	十二指肠	◆ 与肝脏、胰腺共同运作。 ◆ 肝脏、胆囊分泌消化液，主要功能是分解脂肪。 ◆ 胰腺分泌胰液，主要为了分解蛋白质与脂肪。
	空肠	◆ 空肠吸收分解后的氨基酸、葡萄糖、维生素以及矿物质与脂肪酸。 ◆ 通过血管与淋巴将营养成分送达全身。
	回肠	◆ 吸收食物中的养分、矿物质与水分。 ◆ 把剩余的食物残渣移送到大肠。
大肠	盲肠与阑尾	◆ 接收小肠送过来的食物残渣。 ◆ 防止食物残渣出现逆流现象。
	升结肠	◆ 吸收食物的水分，使食物残渣形成半液态状粪便。
	横结肠	◆ 继续吸收液态食物残渣中的水分，形成粥状的粪便。
	降结肠	◆ 使粥状粪便形成固态的粪便。
	乙状结肠	◆ 留存粪便，等到粪便堆积到一定量时，通过蠕动送到直肠。
	直肠	◆ 粪便抵达直肠时，会将讯号送达大脑产生便意。 ◆ 大肠通过蠕动产生腹压，放松肛门即把粪便排出体外。
大脑		◆ 大脑是产生便意的重要器官。 ◆ 胃部通过脊髓发出讯号，再传达到小肠与大肠，最后传达给大脑，通过相互传达讯息的方式，使排便顺畅进行。

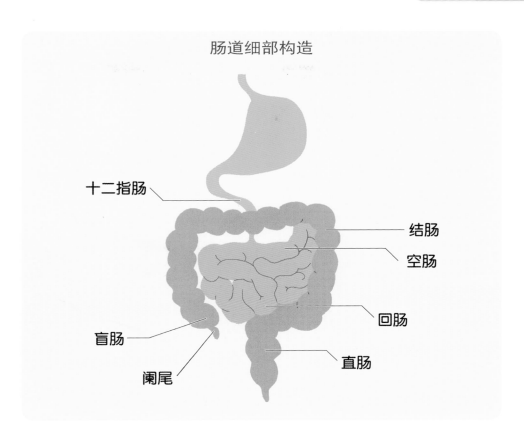

肠道细部构造

十二指肠

结肠

空肠

回肠

盲肠

阑尾

直肠

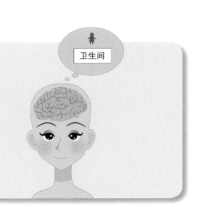

卫生间

大脑与食物消化有什么关系

　　大脑在食物的最后消化阶段发挥重要的功能，脑部接受直肠发出的讯号，就能产生便意，使粪便顺利排出。

　　大肠与大脑共同合作，主导着排便的顺畅作用，因此也很容易受到压力与紧张情绪的影响。

从排便看肠道健康

你每天都有正常排便吗？或许很多人认为排便是微不足道的小事情，但是了解我们消化系统的运作模式后，你就会清楚地认识到，顺畅的排便将是影响肠道健康的关键因素。

确保排便顺畅是肠道的保养重点。要保持身体健康，代谢通路一定要保持顺畅。人体每天新陈代谢后的废物，主要是通过汗水、尿液以及粪便这三种方式排出体外，不过人体绝大多数的代谢废物主要还是以粪便形式排出体外。

❤ 粪便是如何形成的

正常排便意味着人体每天代谢后的毒素与废物能顺利地排出体外，使人体能够正常健康地运作，毒素也不会在体内滋生作乱，这样就能常保肠道与免疫系统的健康。

那么，粪便是如何形成的呢？通常正常的直肠是空的，里面没有存留粪便。但是当食物残渣在大肠内停留时，一部分的水分会被大肠的黏膜所吸收；同时食物的残渣经过大肠细菌的腐败与发酵作用后，就形成粪便。

人体不同渠道排出废物的比重

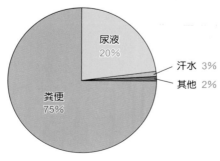

尿液 20%
汗水 3%
其他 2%
粪便 75%

❤ 从大便看肠道健康

肠道是否健康，从每天的排便就可以帮助你来判断。

❶ 排便次数：一天至少排便一次

每天排便一次是最基本的肠道健康指标，如果无法每天排便，至少也要2天排便一次，超过2天以上的排便频率，都不能称为健康的排便习惯。

❷ 排便量：每次至少150克

排便量也是判断肠道健康的指标之一，排便量充足且质地柔软，能排出整条的粪便，代表你的肠道健康，消化正常。通常每次正常的排便量至少在150克以上，约为一根香蕉的总重量。

当摄取膳食纤维的含量越多时，排便量也会增加，所以当排出超过一条以上的粪便时，说明你的消化与吸收能力良好，肠道自然也呈现健康的状态。

❸ 粪便颜色：呈现黄褐色

排便的颜色，也是判断肠道健康的一项指标。对于成年人来说，健康的排便颜色应该呈现黄褐色。最为健康的肠道应该是婴儿的肠道，只摄取牛奶的婴儿，其肠道中的有益菌数量占95%以上，所以婴儿所排出的粪便为健康的黄色。

粪便越偏离黄褐色，越代表着肠道逐渐呈现老化状态。当人们的饮食偏重肉食与高蛋白食物时，会使粪便呈现深咖啡色或黑咖啡色。

粪便的颜色若是经常出现深色或是黑色状态，表示你所排出的粪便几乎都是堆积在肠道多时的宿便，代表肠道内的细菌腐化，因此产生深黑色的粪便。如果粪便出现全黑的颜色，代表肠道可能出现病变现象，建议应该就医接受诊断治疗。

❹ 粪便形状：完整的长条形

形状完整，呈现如香蕉般整条完整的粪便时，说明你的排便习惯良好。形状完整且软硬适中的粪便，代表食物的纤维摄取充足，能充分吸收水分与毒素物质，顺利在肠道中膨胀，故能形成形状完整的粪便排出体外。

如果粪便中的水分超过80%，会形成软便，不容易形成完整的形状，因此不能称为健康的排便。若人体在排便时的水分超过90%，还经常伴随有腹泻现象，粪便就无法呈现完整状态排出体外。当粪便呈现水状或泥状，并伴随水分排出时，就代表肠道的消化能力出现障碍。

❺ 粪便硬度：软硬适中

正常健康的粪便，会含有约80%的水分，因此粪便会呈现软硬适中的现象，且能在便意出现后顺利排出。

呈现颗粒状的粪便，或粪便呈现异常坚硬的质地，代表平常水分摄取太少，蔬果摄取不足，导致肠道的水分被完全吸收，无法提供肠道足够的水分来制造粪便。

❻ 排便状态：浮在水上

浮在水面上的粪便，代表肠道健康。粪便之所以会浮在水面上，代表粪便中的气泡较多；也就是摄取的膳食纤维够多，才会产生足够的气体，使粪便呈现比较轻的状态。

沉入水底的粪便，表示粪便中的气体较少，所以体积较重，无法漂浮；这通常是膳食纤维摄取比较少的现象。如果自己的粪便经常以沉入水底的状态居多，应该在日常饮食中多加补充膳食纤维，避免便秘的发生。

❼ 排便时间：2～3分钟

你每天如厕的时间大约花多久呢？正常的健康状态是，产生便意时，就能顺利排出粪便，总共只花2～3分钟就能顺利排出粪便。如果你每次如厕的时间都很长，且需要带书本或杂志进入，排便对于你来说是花时间的大工程，那么小心便秘已经找上你了，你必须特别留意肠道的老化问题。

❽ 气味：没有太强烈的臭味

正常健康的排便气味应该呈现单纯的臭味，或没有太强烈的臭味。健康的肠道中会充满各种细菌，在各种细菌作用下产生的粪便，所发出的气味不会是令人难以忍受的恶臭味。

如果你的粪便经常出现恶臭味，应该要留意肠道的代谢问题。如果粪便出现强烈的恶臭味、刺鼻的酸臭味或强烈的腐败味，代表你的肠道出现有害菌的腐败作用，并呈现老化现象。

若人体经常摄取大量高蛋白食物，这些肠道有害菌所喜爱的食物，就会引发有害菌在肠道中分解与进行腐败的作用，并产生各种恶臭气味。

从粪便看肠道健康

项目	健康肠道的标准	说明
❶ 排便次数	1天1次	超过2天就不健康
❷ 排便量	1次150克	质地软且为整条
❸ 颜色	黄褐色	颜色越深有害菌越多
❹ 形状	完整的长条形	形状完整如香蕉
❺ 软硬度	软硬适中	约含80%水分
❻ 排便状态	浮在水上	沉入水中表示膳食纤维不足
❼ 排便时间	2～3分钟	时间过长可能代表肠道老化
❽ 气味	没有恶臭	酸臭是有害菌腐败的象征

膳食纤维是便秘救星

每天摄取的膳食纤维越多，排便的次数也就越多，排便的量自然也会增加，因此膳食纤维确实是治疗便秘的救星，多吃高纤蔬果，少一点大鱼大肉，便秘的问题就会远离你！

小肠有强大的吸收力

小肠的消化吸收能力很强大，这是因为小肠内部有许多指状的突起物，这些聚集起来的突起物虽然看起来很小，但是如果将内侧的突起物全部展开，面积可达2万平方米。如此广大的面积能帮助小肠充分地吸收食物中的营养与水分，无怪乎小肠的吸收效果如此惊人！

小肠内部每个内侧突起的前端还布满绒毛，这些细小的绒毛可是吸收养分的尖兵，能发挥卓越的吸收功能。

肠道内的细菌生态

本节将探讨大肠中的细菌生态，了解生存在大肠中的细菌特性，并一窥肠道中的消化运作方式，帮助你更清楚地掌握食物与大肠之间的消化互动关系。

大肠的主要功能在于吸收与排泄，那么大肠中的环境又是如何促进食物的吸收与排泄作用呢？答案在于大肠中成千上万的细菌，发挥着食物分解与吸收的主要作用。

要了解肠道健康，一定要先认识大肠中的细菌生态。每天人体所排泄出来的粪便中，至少有一半的固态物由细菌构成。

我们所摄取的各种食物，将在大肠中与各种菌种相互作用，不同的食物类型会决定肠道内菌种的活跃程度，同时也将影响肠道的代谢健康。高蛋白的食物会增加肠道的有害菌数量，而高纤食物则会增加肠道中的有益菌数量，也就是有益菌及有害菌的数量决定排便的顺畅性。

♥ 肠道与细菌的关系

每个成年人的肠道内至少停留超过上百兆以上的细菌数量。为什么人体肠道中有如此多的细菌呢？人体肠道中的细菌是人体摄取每日食物所产生的。人体从开始进食那一刻开始，就启动了与细菌相伴的一生。婴儿的饮食主要以母乳与水为主，婴儿呱呱坠地的第五天，肠道内便开始出现双歧杆菌，这是一种帮助清洁肠道的有益菌。

等到断奶以后，婴儿逐渐开始接受成年人的饮食，这时肠道中便有拟气杆菌出现，这是一种中立的半厌氧菌，它会开始增殖。

随着年龄的增长，人体肠道内的细菌会不断增多。到了成年人阶段时，中立的拟气杆菌会快速增长到占人体细菌比重的90%，有益菌的比例会减少到10%，这个比例将会维持整个成年期。

等到人体迈向老年阶段（55岁以上）时，有益菌的数量会逐渐减少，有害的大肠杆菌与产气荚膜杆菌会逐渐增多，肠道就会呈现自然的衰老现象。然而现今有许多年轻人，生理年龄只有30岁，但是肠道年龄已经老化成60岁的状态，这就是不良生活习惯引发的肠道老化现象。

有益菌　　　　　有害菌

年龄与肠道细菌的关系

不同年龄阶段	肠内细菌	说明
新生儿	● 双歧杆菌（有益菌）	帮助清洁肠道
断奶的婴儿与儿童	● 拟气杆菌（中立菌） ● 双叉杆菌（有益菌）	中立菌数量逐渐增加
成年人	● 拟气杆菌（中立菌）	中立菌数量比例达90%，有益菌比例减至10%
老年人	● 大肠杆菌（有害菌） ● 产气荚膜杆菌（有害菌）	有害菌数量逐渐增加，肠道自然衰老

🖤 肠道有益菌的主要职责

❶ **保护身体：** 对身体发挥保护作用，能保护身体组织与结构。

❷ **提供营养：** 提供身体所需要的各种维生素、脂质、氨基酸与碳水化合物。

❸ **参与代谢：** 代谢蛋白质以及参与各种有机物质的代谢。

❹ **消化吸收：** 促进肠道蠕动、帮助人体吸收营养物质与消化。

❺ **驱逐病菌：** 抵御外来感染，发挥预防与保护作用；此外还能驱逐对于肠道有害的病菌。

❻ **抑制癌细胞：** 启动人体的免疫细胞、提高吞噬能力，还能帮助抑制癌症发生。

肠道中的细菌种类如此多，有的细菌是有利于人体健康的有益菌，有的则是会产生腐败物质或毒素的有害菌。这个章节就让我们进一步来理解，有益菌与有害菌在肠道中分别扮演哪些角色，及具有哪些功能。

🖤 有益菌——肠道的健康管家

人体肠道内的细菌数量多达100兆，种类多达500多种，占人体总微生物数量的78%，这些细菌与人体维持着微妙的共生关系。

肠道除了具有消化与吸收营养的功能外，也司掌着人体免疫系统的健康。肠道中庞大的微生物菌群，便是抵抗外来病菌的重要屏障，能维护人体免疫系统的健康。

肠道中的常见细菌包含有乳酸杆菌、大肠杆菌、变形杆菌、葡萄球菌、链球菌、双歧杆菌等细菌群。肠道中的各种细菌各自发挥不同的生理作用，而肠道菌群共同的特征就是稳定性。肠道菌群在正常的情况下，对于人体的维生素合成、物质代谢、生长发育以及免疫系统的防御都发挥着重要的功能。肠道菌群能维持人体健康，并且能充分反映肠道环境是否稳定。

肠道中的各类细菌组成了身体内最为庞大的生态环境，各种细菌平常相互依存，也相互制约，因此能保持在平衡的状态，也能作为维护人体健康的防护网。

有益菌改善体内微生物平衡

有益菌是一种有益于人体健康的细菌，能有效改善人体肠道内微生物的平衡状态，也是对于人体健康能发挥助益的菌种。

有益菌的存在能帮助人体抵抗病原体的侵袭，也能有效抑制有害细菌，进而帮助人体预防感染。存在于肠道中的有益菌群，通常指的是乳酸杆菌、双歧杆菌等构成的乳酸菌群。

有益菌能延缓老化速度

有益菌与有害菌在肠道中呈现相互对抗的状态，当肠道内的有益菌家族成员数量占多数时，能抑制有害菌的生长，减少肠内的腐败物质堆积，保持肠道通便顺畅，有效提高人体的免疫力，借此延缓人体的老化速度。

当肠道内的有益菌（如双歧杆菌）占优势时，肠道内的pH值为6，并呈现弱酸性，这是对肠道健康有益的肠道环境。

如果双歧杆菌的数量逐渐减少，肠道的pH值会增加为7，为接近中性的酸碱值。如此肠道的杀菌能力就会降低，使外部入侵的病菌有伺机作乱的机会。

♥ 有害菌——在体内滋生毒素

有害菌是指对于人体健康有害的细菌，容易产生有毒物质或腐败物质的菌类。当有害菌的数量多于有益菌时，容易引起腹泻、便秘，并使宿便无法排除，导致体内毒素累积，进而减弱人体免疫力，此时容易引发各种疾病。肠道中常见的有害菌有大肠杆菌、葡萄球菌与产气荚膜杆菌等腐败菌。

平常有益菌与有害菌在人体中会保持平衡的状态，但是若出现失衡现象，就会逐渐出现腹泻或便秘症状，逐渐增多的有害菌会使得宿便在体内堆积，使毒素滋生。

当肠道中的有害菌占优势时，所累积的毒素也会越来越多，使身体的抵抗能力变差，容易受到外来病毒的入侵，引发各种慢性疾病。

压力与高蛋白饮食使有害菌增加

经常摄取高蛋白与高脂肪的食物，或生活压力过大，都很容易导致肠道内的有害菌增加。

不容易在肠道内完全消化的高蛋白饮食，因为代谢后的食物残渣无法快速排出体外，也就是这些未消化完全的食物会长时间停留在肠道中，容易引发腐败菌参与作用，如此就会引发有害菌大量的繁殖。

此外，当人体长期处在充满压力的环境下时，体内有害菌也会增多。这是因为压力很容易杀死肠道内的有益菌，使得肠道内的有害菌快速繁殖。

当人体逐渐衰老时，能够增强人体免疫力的有益菌数量会逐渐减少，对抗免疫作用的有害菌数量则会逐渐增多，这就是身体老化的明显现象。

肠道中常见的有害菌

有害菌名称	主要功能	对身体的影响
大肠杆菌	●分解蛋白质 ●使细菌产生毒素 ●产生致癌物质 ●使肠内环境腐败	◆容易感冒 ◆容易出现便秘症状 ◆胃溃疡、胃癌、大肠癌 ◆高血压、动脉硬化 ◆免疫系统功能低下 ◆肝脏病变
链球菌	●产生肠内腐败物，如酚、氨等有毒物质	◆容易感冒 ◆容易出现便秘症状 ◆引发胃溃疡 ◆胃癌、大肠癌
葡萄球菌	●使肠内环境腐败 ●导致皮肤、黏膜、内脏出现感染	◆肝功能障碍 ◆动脉硬化 ◆免疫力下降 ◆癌症
变形杆菌	●使肠内环境腐败 ●导致皮肤、黏膜、内脏出现感染	◆肝功能障碍 ◆动脉硬化 ◆免疫力下降 ◆容易致癌

蔬菜VS.肉类对肠道影响

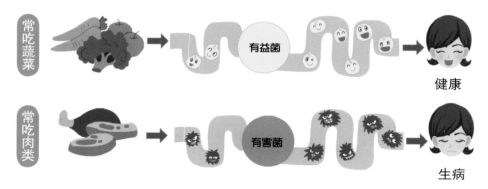

常吃蔬菜 → 有益菌 → 健康

常吃肉类 → 有害菌 → 生病

肠内有益菌为健康加分

存在于肠道中的有益菌群，通常指的是乳酸杆菌、双歧杆菌等构成的乳酸菌群。有益菌能有效改善人体肠道内微生物的平衡状态，种类非常繁多，以下介绍最常见的有益菌类型。

肠道中常见的有益菌

有益菌名称	主要功能	对身体的影响
拟气杆菌	● 预防感染发生 ● 合成维生素 ● 辅助消化与吸收 ● 防止外来菌繁殖	◆ 增强身体与肠道的免疫功能
双歧乳酸杆菌（又称比菲德氏菌或B菌）	● 保护免疫系统 ● 合成维生素 ● 帮助肠道消化与吸收 ● 预防身体感染	◆ 阻止致癌物质亚硝胺的合成 ◆ 保持人体的健康状态
长形双叉杆菌（又称龙根菌）	● 合成维生素 ● 辅助消化与吸收	◆ 增强身体与肠道免疫功能
厌氧性链球菌	● 预防感染发生	◆ 保持肠道健康 ◆ 防止肠道发炎
乳酸杆菌（A菌）	● 提供人体多种必需维生素	◆ 阻止致癌物质亚硝胺合成 ◆ 促进肠道蠕动 ◆ 赶走有害菌

♥ 有益菌的8大好处

❶ 调整肠道环境

有益菌能有效调整肠道内环境，抑制有害菌在肠内进行繁殖，如此就能保持肠道发挥正常功能，促使堆积在肠道内的毒素排出体外。

❷ 延缓身体老化

有益菌是身体抗衰老的大功臣。肠道中的有益菌能启动身体细胞内的多种抗氧化物，促使细胞产生抗氧化物质，减少自由基对身体器官的伤害。

❸ 保护内脏器官

各种有益菌的增加，能有效抑制腐败有害菌的繁殖，因而减少内脏器官吸收有毒物质的机会，可以有效保护内脏器官，使器官能发挥正常功能。

❹ 调节内分泌

有益菌能有效调节身体的内分泌，使皮肤正常代谢，保持皮肤的健康美丽，有助于延缓衰老。

❺ 参与消化代谢

肠道的部分有益菌会参与肠道的消化吸收作用，这些有益菌含有酶类物质，能参与体内蛋白质、脂肪、糖类物质的代谢作用，使食物的消化运作更为顺畅。

❻ 帮助合成维生素

肠道中的各种有益菌能帮助人体合成各种必需的维生素，如维生素K、叶酸、B族素生素以及各种食物中缺乏的维生素群。乳酸杆菌便含有许多人体所必需的多种维生素，能供应并满足人体的需求。

❼ 促进肠道蠕动

有益菌中的乳酸杆菌，能分泌大量的乳酸物质，有助于加快肠道蠕动，促使粪便快速排出体外。乳酸杆菌也能减少有毒物质刺激肠壁，预防大肠癌发生。

❽ 增强身体的防御力

肠道中许多有益菌能增强身体的防御能力。通过产生醋酸与丁酸等抗菌物质，抑制有害细菌的繁殖，如此能增强身体的防御力，使身体免受致癌细菌的入侵。像双歧杆菌与乳酸杆菌，能阻止致癌物质亚硝胺合成，达到预防消化道癌的作用。

健胃整肠的食物

保持肠道健康的基础课题，就是要有效维护人体肠道的菌群平衡。增加肠道内的有益菌数量，就是保持肠道健康的首要任务。首先，我们应该先致力于建立一个有利于有益菌生长的环境，让有益菌能源源不断地生长繁殖。

通过食用的方式也能有效帮助你摄取充足的有益菌，国际科学期刊所发表的医学临床报告指出，人体每天至少应该补充150亿～200亿个有益菌，才能发挥促进健康的效果。

食物中常见的有益菌种类

代表食物	所含有益菌菌种
酸奶	双叉杆菌 发酵乳杆菌 保加利亚菌 乳链球菌
奶酪	德式乳杆菌 乳脂链球菌 乳链球菌
乳酸饮料	嗜酸乳杆菌 乳酪乳杆菌 保加利亚菌 嗜热链球菌
腌渍食品	发酵乳杆菌 短乳杆菌
酱油	嗜盐菌
味噌	嗜盐菌

奶酪

牛奶

酸奶

乳酸饮料

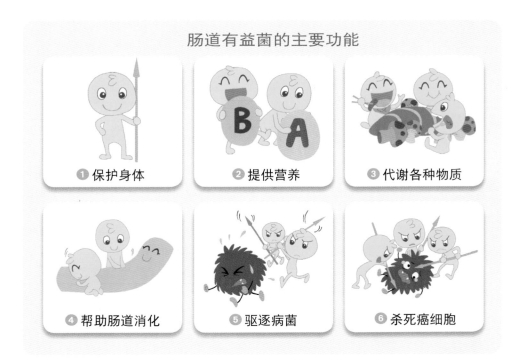

肠道有益菌的主要功能

❶ 保护身体　　❷ 提供营养　　❸ 代谢各种物质

❹ 帮助肠道消化　　❺ 驱逐病菌　　❻ 杀死癌细胞

💜 富含有益菌的食物

❶ 乳酸饮品

酸奶、发酵乳、发酵豆奶或养乐多等乳酸饮料中含有丰富的乳酸菌，被认为是对抗大肠癌的重要营养成分。由于导致大肠癌发生的物质，主要是肠内病毒产生的有害腐败物质，乳酸饮料中的乳酸菌，则有助于对抗腐败物质，防止大肠癌的发生，并能有效刺激人体的免疫系统，使人体对抗癌症与各种有害物质的能力提升。

❷ 乳制品

有益菌约有70%应用在乳制品中，你可以在酸奶等乳制品中摄取丰富的有益菌。

❸ 腌渍食品

腌渍的各种蔬菜，或豆酱、米糠酱腌渍的黄豆等腌渍食物中，一般存在着大量有益菌，这是因为豆酱或味噌能在腌渍过程中产生发酵作用，促使乳酸菌增加。

❹ 有益菌保健品

市面上可以买到各种乳酸菌或胶囊、粉末、颗粒等保健品，方便补充肠道所需有益菌。

❺ 寡糖

要能有效促进肠道中的有益菌生长，平日不妨通过补充寡糖来保养肠道健康。寡糖又称为Oligo，是一种低热量的糖类，是6～8个单糖结合的糖类物质的总称。

寡糖最大的功能就是能促进肠内的有益菌生长，并使肠道中的有害菌逐渐减少；寡糖经由人体摄取后，大部分能直接抵达大肠，成为支援有益菌增长的原料，创造出有益菌占优势的肠道生态环境，有助于改善便秘状态。

❻ 膳食纤维

多摄取含膳食纤维的食物，也能帮助增加肠道中的有益菌。膳食纤维是肠道中有益菌的营养供给来源，人体摄取的膳食纤维越多，就越能有效促进有益菌量的增加，由此能保证肠道的健康。

含有丰富寡糖的食物

许多蔬菜与豆类食物中都含有丰富寡糖，平常不妨多摄取以下食物以补充有益菌。

含寡糖食材（每100克）	寡糖含量（克）
甘薯	8
黄豆粉	7
牛蒡	3.6
洋葱	2.8
大蒜	1
香蕉	0.3
葱	0.2
毛豆	0.1

大肠为什么比较容易生病

每天都有无数的废物与毒素通过大肠，大肠的主要职责就是持续处理体内的代谢废物，并将毒素废物排出体外。

由于所有食物消化后的残渣都聚集在大肠，并在大肠中处理成粪便状态，需要在大肠中停留一段时间，等待排出体外。

如果因为排泄不顺畅，导致粪便长期停留在大肠中，而粪便中又含有致病的有毒物质，就会使大肠受到感染，进而引发肠道病变。

肠道老化的 *7* 大警讯

肠道健康可说是人体健康的一面镜子，当人体的肠道受到毒素侵害，开始出现老化现象时，身体会产生各种症状。这些症状就像是对我们的健康提出警讯，提醒我们要注意自己的肠道健康。

许多人对于自己的肠道健康并不在意，等到出现警讯时，往往已经酿成严重的肠道病症。

肠道老化时，身体会有哪些症状出现呢？肠道老化的警讯通常通过各种类型的排便异常与生理反应来呈现，排便异常的警讯如便秘、腹泻、腹痛、胀气，生理反应特征如头痛、皮肤粗糙、口臭、小腹突起、情绪暴躁忧郁、肩膀酸痛、身体十分容易疲劳等。

当身体发出这些警讯时，就是在提醒你要多注意肠道健康。现在告诉你，通过以下警讯的留意与改善，可以有效抢救你的肠道，避免因为疏忽而危及肠道健康。

警讯 ❶ 胀气

习惯很晚才吃晚饭的人普遍都有胀气的烦恼，如果再加上吃的食物不容易消化，这些无法消化的食物会发酵成为气体，大量气体堆积在腹部，会形成鼓胀感。胀气往往使人作息受影响；同时充满气体的下腹部，也容易形成突起的小腹。

胀气是肠道中无法消化的食物腐败后所形成的一种气化生理反应。当人体的肠道中堆积大量宿便时，食物代谢后所产生的多余脂肪也会在肠壁上沉淀。食物的残渣在腐败菌发酵作用下，会产生大量的气体，导致腹部出现胀气现象。

这些无法排出体外的气体含有毒素，如果气体体积过大，会被吸入血液中，引发更大幅度的中毒。无法从肠道正常排放的毒素气体，还会回流到胃中，引发胃部与肠部的扩张现象，这就是打嗝。打嗝很容易将毒素气体推升到口中，产生难闻的臭味与酸味。

警讯 ❷ 口臭

无法消除的肠道宿便持续累积，就会在口中形成令人难以忍受的恶臭味，有口臭者，绝大多数都有肠胃消化不良的症状，长期堆积在肠道的宿便就是引发恶臭的根源。

长期的便秘使得腹部堆积宿便，宿便在有害菌的发酵作用下，会产生各种毒素。当毒素无法通过排便作用排出体外时，毒素就会通过血液循环作用，流到身体各器官中。

如果毒素扩散到鼻咽部与口腔时，还会引发口腔与相关器官的疾病，并引发腐败性的口臭症状。毒素侵害到人体的中枢神经时，会引起失眠症状，导致人体的免疫功能失调，代谢能力也会逐渐紊乱，如此也会加重口臭。消化不良引发的胃肠疾病，也会导致口臭。通常蔬果摄取太少，经常喜欢吃油炸与重口味食物者，常由于无法代谢排出宿便而引发毒素产生。当毒素逐渐侵害消化系统，引发消化不良或慢性胃炎病症时，就容易出现酸臭性的口臭。

严重的口臭也会加重口腔相关疾病，如果没有有效改善口臭症状，任由口臭继续发展，罹患口腔疾病的概率将会比正常人高出约50倍以上。

口臭者的肠道有害菌

口臭象征肠道的健康危机，如果没有及早应对，往往会引发各种严重的肠胃病症。

口臭者的肠道菌类	数量（与健康者相比）
大肠杆菌	比正常人高出200倍
幽门螺杆菌	比正常人高出150倍

警讯 ❸ 头痛

头痛发生的原因是脑部血管不正常的快速收缩或扩张，引发脑神经出现疼痛现象。

饮食不正常是引发便秘型头痛的常见原因。过度依赖高脂肪与高蛋白饮食，或经常暴饮暴食，喜欢吃的东西一下子吃太多，往往会导致血管在短时间内快速收缩与扩张，自然容易引发头痛症状。

高蛋白食物导致头痛

平常饮食中若大量食用高蛋白食物、高脂肪或高糖分食物时，肠道内的环境会呈现酸性，使得肠内的腐败细菌开始活跃。腐败细菌增多时，会产生大量各种有害物质（如氨气、硫化氢等），毒素增多会导致肠道内细菌失衡。这些有害物质会通过血液流到身体各部位，挟带大量毒素的血液无法运送充足的氧气到脑部，脑部就会出现缺氧现象，因而引发头晕或头痛症状。

警讯 ❹ 腹泻

腹泻几乎是所有容易紧张的人的共同烦恼，特别是在年终工作繁忙时，许多上班族都会出现习惯性腹泻症状。

腹泻是排便时粪便呈现水状或泥状，并伴随有大量水分排出，当排便中的水分超过90%时，就是明显的腹泻症状。

腹泻的主要原因

不洁的饮食： 一般腹泻最常见的情况发生在食物中毒、肠道发炎或细菌感染。特别是在吃了不洁或有毒的食物后，其中的细菌会导致肠道内的病原菌激增，并不断刺激肠道黏膜，使得肠道无法吸收，此时肠道就会出现防御反应，通过腹泻的方式将食物残渣排出，因此腹泻经常是肠道自我保护的防御措施。

消化不良： 消化不良也很容易引起急性腹泻症状。如果经常暴饮暴食，不加节制地摄取大量高蛋白或难以消化的食物，后者就会在肠道中进行腐败与发酵作用，并不断地刺激肠道黏膜，如此便很容易引发腹泻症状。胃部、肠道以及胰腺出现消化功能障碍，导致所消化的食物无法有效形成固态的粪便，引起消化不良型的腹泻，是慢性腹泻的基本症状。

精神紧张：当人体承受较大的精神压力时，往往会出现腹泻症状。由于压力会使自主神经功能出现异常，导致肠道蠕动出现紊乱现象，容易引发腹泻。

罹患某些疾病：大肠癌或溃疡性结肠炎也是引起腹泻的常见原因。上述疾病会使肠道黏膜出现异常，或使黏膜出现溃疡，导致肠道无法有效吸收水分，因而经常引发腹泻症状。其他疾病的发生也有可能引发腹泻，如肝癌、糖尿病、甲状腺机能亢进等各种疾病。

警讯 ⑤ 身体酸痛疲劳

只是走一点路或爬一小段楼梯，就出现疲劳感；上班时欠缺活力，只要一坐车就嗜睡，体力大不如前；或明明没有伏案工作，却出现异常的肩膀酸痛症状。明显的症状为从颈部到肩膀出现酸痛与僵硬的感觉。如果你有上述现象，就要特别留意小心，因为肠道老化所引起的肩膀酸痛症状已经找上你了！

体内细胞老化所产生的肩膀酸痛，真正发生的原因就在于肠道出现老化现象。肠道不健康引起的肩膀酸痛与运动疲劳引起的酸痛症状不同。运动引发的全身性酸痛，会随着身体的代谢作用而将乳酸物质逐渐代谢出体外；然而，身体出现老化所引发的全身性酸痛现象，却很难在短时间内消除。

警讯 ⑥ 肌肤粗糙暗沉

想变得更漂亮，一定要彻底打理肠道健康！肠道健康与皮肤息息相关，排便不顺畅时，毒素就会反映在你的脸部肌肤上。

皮肤的各种问题，往往不在于皮肤本身，而是来自于肠道内没有清除掉的废物毒素。皮肤是人体中最庞大的器官，发挥保护内脏与调节体温的作用，同时它也是人体最重要的排毒器官。

当堆积在肠道中的毒素废物，无法从排便中排出时，毒素就会渗进血液，并进入皮肤层中，通过皮肤表层来进行排毒，从而引发各种皮肤暗沉、面疮与黄褐斑等皮肤症状。

造成皮肤粗糙的原因

引发原因	说明	引起的皮肤问题
吃肉太多	● 血液会偏向酸性，尿素与乳酸成分也会增多 ● 乳酸分泌出皮肤表面时，酸性物质就会侵蚀皮肤表层	● 失去弹性 ● 皮肤粗糙
宿便堆积	● 促使毒素被肠壁反复吸收 ● 身体内部的新陈代谢速度变得紊乱与迟缓，内分泌失调	● 肌肤失去光泽 ● 出现各种色斑
肠胃代谢不良	● 大鱼大肉或高脂肪的饮食，会随着血液流到血管中，并试图通过皮肤毛细孔来排放毒素	● 面疱 ● 暗疮
暴饮暴食	● 肠道的消化吸收能力失调，无法将营养送达各部位 ● 头发皮脂腺出现功能性失调现象	● 头发干枯

便秘使黑斑冒出

肠道环境开始恶化时，首当其冲的就是皮肤开始变差。毒素开始在肠道中活跃，身体试图通过皮肤来进行排毒。皮肤表层排出的毒素，最常见的是黑斑，同时皮肤会越来越粗糙，肌肤甚至会失去光泽，这都是便秘导致的肌肤问题。

想使皮肤漂亮，首先就要将肠道内的老废毒素排出体外，杜绝肠内的物质转成毒素，流入血液中。保持血液干净，就能打造漂亮的肌肤。

肝功能衰退引发黄褐斑

两天才排便一次的女性，比每天都排便的女性出现黄褐斑的概率要高出8倍。大量摄取肉类饮食，导致多余的脂肪与毒素无法被肝脏消化吸收，同时也给肝脏带来负担。

摄取的肉类越多，肝脏越需要

花更多时间工作，往往导致肝脏过劳而出现衰弱现象。当肝功能出现衰退疲乏时，肝脏的解毒能力就会降低，这时便无法有效针对血液中各种有害皮肤的毒素进行解毒工作。毒素很容易趁此机会浮上皮肤表面，形成黄褐斑。

暴饮暴食使头发干枯

肠道老化也会使得原本乌黑光泽的头发出现干枯现象。当习惯暴饮暴食或经常摄取过量甜食时，会使得肠道消化不良。

人体的头发也是皮肤的一部分，当人体的血液因为摄取过多高蛋白食物而呈现污浊现象时，肠道的消化吸收能力会呈现失调现象，无法将营养顺畅地送达身体各部位。

警讯 ❼ 忧郁、暴躁

便秘的问题也会逐渐影响你的情绪，让精神状况备受压力。长期深受便秘之苦的人，情绪会受到影响，经常出现抑郁、焦虑不安或脾气暴躁等现象。根据调查数据显示，至少有30%的便秘患者有精神抑郁的倾向，显示着长期的便秘症状会逐渐损害人体的精神状态。

长期的便秘会产生大量的宿便，无法顺利排便，粪便长时间堆积在人体内，会产生各种腐败的有毒物质，这些毒素就是引发精神毒素产生的主要原因。

便秘产生的情绪影响

反应迟缓： 堆积在大肠内的食物，会逐渐发酵腐败，变为有毒物质如氨、酚、甲烷等。有毒物质无法清除时，会扩散并进入中枢神经系统，干扰大脑的功能，对于人体的神经调节功能产生负面影响。

肠道中的有毒物质，也会在血液中造成污染，使得血液无法正常输送足够的氧气与养分到大脑中。毒素与废物会逐渐渗透大脑结构，干扰大脑功能，导致大脑的思考力受损，记忆功能也会逐渐降低，人体的注意力就会出现分散状态，人的思维能力与反应力也会呈现迟缓现象。

情绪暴躁： 无法改善的便秘症状，也会使人出现异常的暴躁症状。两天才排便一次的女性，比每天都排便的女性发生情绪暴躁的概率要高出20倍。

忧郁： 便秘严重时，甚至会引发人的负面情绪，使人出现忧郁倾向。这是因为越来越多的有毒物质会逐渐损伤神经，严重时甚至会引发忧郁症或神经性的厌食症等精神障碍症状。

悲观： 负面情绪会导致便秘症状更为严重。便秘会使人产生精神毒素，无法消除的精神毒素会使人忧郁。同样地，如果一个人经常性地以负面心态看待事情，就容易产生悲观情绪，那么你的肠道也会容易滋生有害菌。

习惯性的负面情绪，会破坏肠道内菌群的平衡状态。负面的情绪就像是毒素，会促使肠道中的有害菌不断滋长。

如果你一直任由坏心情影响你，始终保持着悲观与忧郁的态度，那么肠道细菌的平衡生态就会更加恶化，除了便秘症状浮现外，其他的警讯也会相继出现。

肠道老化的7大警讯

❶ 胀气

❷ 口臭

❸ 头痛

❹ 腹泻

❺ 身体酸痛疲劳

❻ 皮肤变差

❼ 暴躁

肠道健康，身体就健康

如果肠道的健康出现障碍，也就代表着人体的排泄消化系统功能出现危机。流通在血液、内脏与肠道中的大量毒素，将无法通过排泄作用正常代谢出体外，身体内部就会充满毒素，形成可怕的危机。

💜 肠道是排毒最重要器官

肠道是人体中最重要的排毒器官，人体每天吸收到四面八方而来的毒素，以及代谢食物后产生的各种毒素，都必须通过正常的排泄消化运作来完成。

根据医学专家的研究证实，人体约有90%的疾病与肠道清洁有关。没有排出肠道的毒素将会通过吸收作用，循环到身体各器官。

专家更明确地指出，一天不排便所引发的毒素，等于一天吸三包香烟所产生的毒素！

💜 肠道生态影响人体

过去人们总是将保健养生的重点放在人体的心脏、肺脏与肝脏，往往只认定胃肠的毛病是小症状，很少正视肠道的健康，也鲜少注重肠胃的保健。其实肠道是人体器官中最劳累的器官之一，但是却一直被人们所忽略。肠道每天需要消化大量人体所摄取的各种食物，同时要进行食物的营养吸收工作，来供给身体各器官与细胞所需要的养分。而人体消化吸收代谢后的废物，也有相当大的部分是通过肠道来进行排泄。

肠道中的细菌数量高达500多种，它是人体内最大的微生物生态环境，肠道内细菌的平衡与失调，对于人体健康乃至寿命有举足轻重的影响。

肠道与免疫系统的关系

肠道与免疫系统关系	说明
❶ 抗体大多来自肠道	人体有70%的淋巴分布在肠道，因此人体的抗体有大半是依赖肠道的免疫力
❷ 帮助消化与吸收	肠道是人体相当操劳的器官，它每天都司掌各种食物的消化、吸收与排泄
❸ 发挥免疫机能	有害菌如果入侵肠道，肠道免疫系统就会产生抗体，发挥保卫功能
❹ 肠内细菌左右免疫力	肠道内成千上万的细菌司掌肠道的生态平衡，也左右了肠道免疫力

❤ 帮助代谢与排出废物

肠道也是人体最大的免疫器官，人体中约有70%的淋巴分布在肠道中，因此肠道司掌着人体的免疫系统。如果肠道出现老化，肠道对于病毒与细菌的抵抗能力就会衰退；身体的细胞也将无法有效吸收充足的养分，体内的废物无法有效排出体外，身体的器官很容易出现衰老现象。肠道健康就是身体的健康，只有好好地保养肠道，人体才能够常保活力以及健康。

❤ 肠道疾病是万病之源

人体的胃肠具有一定的胃纳能力，如果饮食过量，或经常摄取大鱼大肉，往往就会超出胃肠的负荷。如果加上生活不规律，情绪经常紧张，压力大，运动量不足，导致无法正常排便时，这些毒素就会在肠道中作怪，引发各种胃肠消化的病症。

三餐不定时，或经常熬夜吃夜宵，经常喜欢摄取烧烤或油炸食物，这类饮食在代谢过后，会产生较多的有毒物质，使肠道环境更为恶化。

每四个成年人中，就有至少一人有消化不良的症状。消化不良会导致毒素无法随着粪便排出体外，有害的细菌就开始在肠道中累积，形成便秘、胀气、腹泻、腹痛等问题，甚至使人的皮肤暗沉、容易长出痘痘，还可能会引发代谢不良的肥胖病症。当有害的细菌量在体内逐渐增多时，还会诱发消化性溃疡、高血压、肝病、胃癌等疾病。

❤ 大肠癌名列十大死亡癌症前三名

根据2008年最新癌症统计资料显示，国人大肠癌罹癌率排行前三名；而罹患大肠癌的死亡人数也高达国人罹癌的前三位。这显示大肠癌的发生率与死亡率不断地逐年攀升，大肠癌已经成为国人最容易罹患的癌症了！

肠道健康恶化，极容易引发各种成人慢性疾病。许多成人慢性病如肝硬化、高血压、心脏病、糖尿病、高脂血症、肥胖、老年痴呆症、各种癌症等病症的发生，与肠道的健康息息相关。

肠道疾病已经成为现代人的最大梦魇，思考如何维护并创造一个健康的肠道环境，成为现今人们最重要的健康课题。

肠道环境差，疾病跟着来

当肠道逐渐老化，肠内环境变差，各种疾病也会随着出现，其中最常见的共有三种疾病，分别是胃炎、痔疮和消化性溃疡，现介绍如下。

♥ 胃炎

疾病名称	发生原因	主要症状	造成的影响
胃炎	● 肉类吃太多 ● 饮食不定时 ● 常喝酒	● 经常性的胃部泛酸 ● 伴随有绞痛症状	● 可能引发大面积的胃部溃疡 ● 可能引发胃部出血

胃酸过多是引起胃病或胃溃疡的主要原因。经常大量食用肉类与高蛋白食物，或饮食习惯不定时、经常饮酒等都是引发胃炎的主因。

高蛋白食物不能完整地被消化，需要依赖胃液来辅助消化，然而经常性地分泌高酸度的胃液，会消耗胃部的功能，而酸性的胃液也会侵蚀胃部表面，使胃部发生溃烂现象。而且不容易完全消化的高蛋白食物会在肠内堆积腐化，提供细菌生长的温床，使大肠容易出现病变，因此高蛋白食物经常会造成胃部的负担。

♥ 痔疮

疾病名称	发生原因	主要症状	造成的影响
痔疮	● 久坐不动 ● 膳食纤维不足 ● 很少喝水 ● 怀孕	● 肛门周围疼痛、发痒 ● 排便时肛门下垂或突出 ● 排便异常疼痛 ● 直肠出现灼热感	● 排便时出血 ● 产生剧痛

痔疮主要是由于粪便过于坚硬，导致排便困难，引发肛门直肠静脉曲张的疾病。

经常久坐不动，导致肛门附近血液循环不顺畅，使得血液长时间停留在静脉中，引发直肠周围的静脉曲张现象。摄取的蔬果纤维不足，加上饮水量缺乏，使得粪便坚硬，导致排便时需要大量施力。长期用力排便，会引发肛门周围肌肉松懈，静脉曲张而引发痔疮。

女性怀孕期间，会因体内激素的变化而影响血液循环，加上胎儿会压迫血管，因此怀孕女性罹患痔疮的比例也较高。此外，罹患肝病或肿瘤患者由于体内的血液循环受阻，导致血管出现肿胀的现象，也很容易引发痔疮。

💙 消化性溃疡

疾病名称	发生原因	主要症状	造成的影响
消化性溃疡（包括胃溃疡、十二指肠溃疡）	● 长期空腹 ● 饮食不定时 ● 饮食不规律 ● 幽门螺杆菌的滋生 ● 消炎止痛类药物	● 上腹部疼痛、粪便呈现黑色 **胃溃疡：** ● 在进食后的半小时会出现胃部疼痛症状 ● 持续疼痛1～2小时 ● 下一次进食又再度疼痛 **十二指肠溃疡：** ● 空腹时上腹部疼痛，进食后缓解	● 食欲不振 ● 容易疲劳 ● 出现消瘦现象 ● 进一步发展将有癌变风险

　　人体的胃部若过度分泌胃酸，会使胃部或十二指肠的内壁出现孔洞，胃肠内面出现溃疡。

　　发生溃疡的主要原因在于胃酸过度分泌，这主要与长时间饮食习惯不正常有关。可能是长期空腹、饮食不定时、饮食不规律，刚开始会引发胃部肌肉与血管出现痉挛与收缩现象，如果不注意调节饮食习惯，疼痛与不适感会越发扩大，引起大量胃酸分泌与胃痛。

你的肠道健康吗

从日常生活作息以及饮食习惯，就可以知道你的肠道状态是否健康！
请回答以下的问题，若你的情况与问题符合，请在问题前面的方格中打勾。

- □ 每天早晨都很容易疲劳
- □ 早晨起床后全身缺乏活力
- □ 气色很不好，皮肤缺乏光泽、粗糙暗沉
- □ 有严重的口臭
- □ 已一星期没有排便
- □ 很少吃蔬菜与水果
- □ 经常不吃早餐或随便乱吃
- □ 一天的喝水量不到2杯

- □ 粪便接近黑色，且有恶臭
- □ 经常拉肚子
- □ 喜欢吃重口味、油炸与辣味的食物
- □ 晚上吃饭的时间不固定，有时过了9点以后才用餐
- □ 每天上床睡觉的时间不固定
- □ 已经过了青春期，但是青春痘还是直冒

评量结果：
6个以下： 😊你的肠道状态很年轻、健康，请继续保持！
6个以上： 😞你的肠道已有老化症状，建议你应该调整自己的生活作息，要尽快改正生活坏习惯。

Chapter 2
治好难缠的便秘

便秘是肠道出现老化的第一个警讯! 人体吸收食物营养后,代谢消化的残余物质会形成粪便排出体外。如果因为各种情绪或生活习惯因素,导致粪便无法排出体外,毒素就会开始产生。便秘也是肠道老化的首要元凶,接下来就让我们来关心与肠道健康息息相关的便秘问题。

恼人的便秘问题

便秘是一种无法正常排便,排便的间隔时间过长,使粪便停留在大肠的时间过久,导致粪便干燥结硬块的现象;此外排便不干净、经常出现下坠感,都是便秘的主要症状。

人体每天都应该保持正常的排便,如果长期不排便、排便次数减少,或因为粪便干燥、有硬块,而出现排便困难与疼痛的现象,就称为便秘。

到底多久未排便就算是便秘呢?原则上根据每个人的体质不同,通常在1～3天内排便一次,都属正常范围,如果人体超过3天以上没有排便,就需要特别留意。

💜 为什么会便秘

便秘主要与人体本身的生活习惯有关:不正常的饮食习惯、生活步调太过紧张、平常很少喝水、经常熬夜、缺乏运动或没有定时排便的习惯。

便秘看起来是小毛病,然而排便的顺畅与否,已经成为判断健康的重要指标。不正常的排便,会导致体内过多的有毒物质无法排出,容易引发痔疮、口臭、腹胀等症状。

长期的便秘是肠道健康的无形杀手,宿便容易导致身体发胖,使皮肤出现老化现象,引发直肠溃疡,甚至导致癌变。当便秘症状严重时,患有高血压的患者,往往会因为用力排便而引发中风或者是心血管疾病。

不同的生活与饮食方式,便秘的类型也会不同,你是属于哪一种类型的便秘呢?了解便秘的属性,将能帮助你有效解决便秘!

💜 便秘的种类

便秘通常可分两大类，一种是功能型便秘，一种是器质型便秘。

❶ 功能型便秘

由于肠道蠕动功能变弱，导致无法有效排出粪便；或由于大肠的排便反射能力减弱所引发的便秘类型，属于功能型便秘。功能型便秘又可分为以下四种：

暂时性便秘：生活方式的改变，如饮食摄取的改变；或生活环境的变迁，如旅行、搬家、出差；或精神状态处于异常压力或承受莫大烦恼时所引发的便秘症状，皆属于暂时性便秘。

痉挛型便秘：由于承受较大的精神压力，或突如其来的情感变化，引发肠道出现紧张状态，所引发的便秘类型。

迟缓型便秘：生产过后的女性通常容易出现迟缓型便秘，由于生产过后的腹肌会出现松懈状况，导致腹肌的收缩疲乏无力，无法顺利地排出粪便；或因生产过后体力较差，大肠肌肉比较疲弱，无法有效蠕动与收缩，因而引发慢性便秘症状。

经常忍耐便意的人，长久习惯抑制粪便排出，直肠黏膜对于刺激的感受变得疲乏，如此会导致大肠弹性变弱，输送粪便的力量减弱，因而会引发宿便堆积。

直肠型便秘：由于年龄渐长，导致大肠肌肉松懈，收缩能力随之降低，肠道黏膜也变得相对迟钝，导致大肠的蠕动能力减缓，粪便通过大肠时就需要花费较多时间，因此形成慢性便秘。此类型的便秘也很容易堆积宿便。

❷ 器质型便秘

器质型便秘主要是由于大肠发炎或癌症引发肠道变窄而产生的便秘，属于肠道疾病引发的便秘。另外，大肠先天形状异常，导致粪便排泄障碍，也会引发器质型的便秘。

便秘的种类与原因

便秘种类	器质型便秘	功能型便秘			
		暂时性便秘	痉挛型便秘	迟缓型便秘	直肠型便秘
发生原因	● 大肠癌 ● 大肠发炎 ● 大肠先天形状异常	● 旅行 ● 出差 ● 搬家 ● 压力 ● 饮食改变	● 精神压力 ● 情绪变化	● 生产过后腹肌松懈 ● 体力较差 ● 较少运动 ● 习惯忍耐便意	● 年龄增长 ● 肠道肌肉迟钝 ● 大肠蠕动迟缓

从粪便形状看肠道健康

粪便形状	说明	肠道健康状态
香蕉状	香蕉状的条状粪便	健康
颗粒状	呈现干燥坚硬的小颗粒状粪便	便秘严重
水状	水状或泥状的粪便	拉肚子
硬块状	粪便呈现较大的硬块状	宿便堆积在体内

不同粪便的含水量

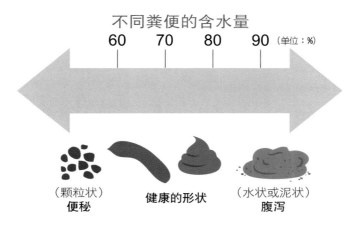

（颗粒状）
便秘　　　**健康的形状**　　　（水状或泥状）
腹泻

颗粒状：像是小鸟或是兔子的粪便一样，呈现干燥坚硬的小颗粒状时，表示粪便含水量太少，是较严重的便秘，肠道蠕动明显缓慢。

硬块状：粪便呈现较大的硬块状，表示肠道内水分缺乏，肠道蠕动不太理想。

香蕉状：排出香蕉状的条状粪便，代表肠道非常健康，目前没有便秘的问题。

水状或泥状：粪便呈现水状或泥状时，代表含水量过多，可能是拉肚子或是肠道中宿便严重堆积。

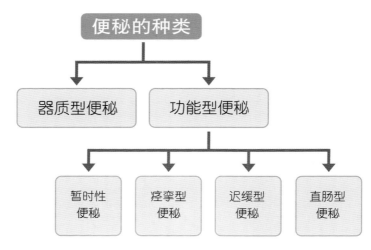

便秘的种类

器质型便秘　　　功能型便秘

暂时性便秘　　痉挛型便秘　　迟缓型便秘　　直肠型便秘

容易便秘的4大族群

一般来说，不良的生活及饮食习惯会导致便秘，压力大、很少喝水的人，往往是容易便秘的高危人群，下面介绍四种易便秘族群，也请自我检视你自己是不是属于其中之一呢？

族群 ❶ 上班族

经常久坐办公室的上班族，因为从早到晚需要处理各种文书业务与电脑作业，习惯长时间久坐，缺乏运动的调节，长久下来就会导致腹部肌肉出现松垮现象。

久坐使胃肠蠕动迟缓

经常久坐办公室，身体会缺乏锻炼，失去弹性与锻炼的腹部肌肉，会使肠道肌肉松弛，腹腔血液的供应量逐渐减少，胃肠的蠕动也会减弱，导致各种消化液的分泌降低，使消化机能减退。

久坐办公室的女性腹肌会更显疲乏，排便的力量相对减弱，因此堆积在肠道中的粪便会长时间停滞，成为难以排出的宿便。

下肢不动使直肠静脉淤血

长久坐在办公桌前，下肢持续弯曲，欠缺必要的活动调节，腿部的肌肉缺乏锻炼，使静脉血的回流不顺畅，长期下来会促使下肢静脉与直肠附近的静脉区出现淤血症状，严重时会导致下肢静脉曲张与痔疮现象。

久坐办公室容易引发便秘现象，导致胃肠的免疫机能减退，如此很容易罹患结肠癌。

族群 ❷ 高级主管

许多担任公司高级主管的人，也是便秘的常客。由于这类人士承担的工作责任与压力较大，生活步调快，情绪比较紧张，加上需要参与各种会议，有时即使有便意也会忍耐。

过度忍便使粪便干燥

经常性忍耐便意，会导致排便困难，粪便异常干燥，因而形成习惯性便秘。大肠有很强的吸水功能，如果粪便因为忍耐而停留在肠道中的时间过久，粪便中的水分就会逐渐被大肠吸收，转而变硬，因而不容易排出体外。

大脑的排便指令搁置

如果大脑对于排便的指令经常受到长时间的搁置，会使大脑减少发出排便指令，长期下来会使排便更加困难。长期忍便的结果是，即使大肠里面出现粪便，感觉神经却会因为变得迟钝而无法正常排便，引发习惯性的便秘。

压力抑制胃肠蠕动

高级主管的精神压力也比一般人大，心情如果没有定时抒发，很容易抑郁，长久下来就会导致自主神经功能紊乱，抑制大肠蠕动而形成便秘。

族群 ❸ 节食的年轻女性

现今许多女性为了追求苗条身材，不惜通过节食减餐来达到控制体重的目的，却往往因此而付出惨痛的代价——便秘。

年轻女性减肥时，经常一味地减少进食量，不仅拒吃肉类食物，就连米面等碳水化合物也刻意减少摄取量，日常三餐仅摄取少量的水果与蔬菜。长时间下来，虽然能减轻体重，但却导致身体排便系统紊乱。

缺乏油脂，影响排便的顺畅

由于进食量大幅度减少，肠道内的食物残渣也会减少，如此便无法提供结肠足够的刺激，便秘就很容易发生。加上节食期间拒吃脂肪类食物，肠道内无法获得适当的油脂润滑，因而会影响排便的顺畅性，导致便秘情况更趋严重。

由于进行节食，每餐只吃一点食物，因此肠道内的食物量过少，体积不足，就无法有效刺激大脑的排便中枢发出排便的反射指令。

泻药会使直肠反应迟钝

许多年轻女性为了贪图快速便利，习惯服用各种市售的减肥药来帮助节食。这些减肥药常含有泻药成分，通过大量排泄来代谢身体多余的脂肪。

泻药只能改善一时的症状，无法长期根治便秘的问题，如果长期服用泻药，直肠会失去敏感性，造成直肠反应迟钝，容易导致身体的排泄功能退化，粪便堆积过久就会导致习惯性便秘。

族群 ❹ 缺乏运动的人

运动量的缺乏，是导致许多人产生便秘的原因。久坐不动、过度依赖交通工具代步，会导致小腹肌肉无法获得有效的锻炼，胃肠的蠕动减弱，长期下来也会出现腹肌无力的现象。

运动不足，使肠子蠕动变慢

现今社会由于交通工具便利，许多人上班皆依赖汽车代步，进入办公大楼则依赖电梯，中午休息叫外送便当，购物依赖网络和快递的服务，因此平常少有机会走路。加上长时间坐在办公室，下班后又不运动，运动量不足，肠道的活动机会自然减少，肠道的蠕动减慢，长时间下来就容易形成便秘。

由于人体排便的动作需要依靠肠道蠕动的刺激，若长期缺乏运动，身体的腹肌力量就会变得疲弱，无法产生力量来顺利排便。

泻药不要乱吃

许多泻药都具有毒副作用，对人体容易形成危害。含有芦荟或番泻叶等的减肥泻药有较多副作用，若是长期持续服用，可能会造成身体电解质紊乱、维生素缺乏，甚至出现肠道炎症，严重者还会引发肠癌等病变。

易便秘的4大族群

易便秘族群	造成便秘的原因	对肠胃的影响
上班族	● 长时间坐在办公室 ● 缺乏运动 ● 中午吃速食或便当 ● 膳食纤维摄取不足	大肠蠕动能力减弱，排便能力变差
主管、领导	● 工作过度与长期情绪紧张 ● 饮食随便应付，吃东西的速度快 ● 经常应酬，营养不均衡 ● 经常为了工作忍耐便意	肠道肌肉出现痉挛，引发便秘与腹泻
过度节食的年轻女性	● 长时间节食 ● 服用减肥药或泻药 ● 胃肠功能失调	代谢出现问题，无法正常排便
很少运动的人	● 依赖汽车或骑机车 ● 习惯坐电梯，很少走楼梯 ● 长时间坐在办公室 ● 下班回到家不运动	胃肠蠕动缓慢

💜 为什么女性较容易便秘

便秘的人群中为何以女性族群占多数？从许多先天的生理结构与后天的活动行为来分析，女性罹患便秘的比重确实比男性要高出2倍左右。

原因 ❶ 生理构造的影响

女性的子宫在骨盆腔的部位会挤压到直肠，乙状结肠的弯曲程度大大增加，故粪便通过直肠的时间比男性更久，因此很容易出现便秘症状。再加上女性的肛门前方是阴道，附近的腹肌力量比较薄弱，因而常常无法产生足够的力量来排便。

原因 ❷ 女性的活动量少

大多数女性喜欢静态活动，平常的活动量普遍比男生少，加上喜欢精致类的食物，因而会比男性更容易出现便秘症状。

原因 ❸ 怀孕女性更易便秘

女性在怀孕期间更容易出现便秘现象，因为随着胎儿逐渐增大，子宫会压迫直肠，使直肠肛门的静脉血回流出现障碍。此外，怀孕期间骨盆底部的肌肉松弛，也很容易引发便秘或痔疮。

预防便秘的5大绝招

想要预防便秘，你可以从以下五种方式做起，包括每天多喝水、每天都要吃早餐、晚餐不要吃太多、多吃青菜少吃肉及多做运动，保持良好的生活习惯，便秘自然就能远离你。

绝招 ❶ 每天多喝水

解决便秘的第一步就是要多喝水，人体的细胞中约有65%是水分，当摄取的水量不足时，我们全身的细胞就无法进行正常的代谢作用，由此可以得知水分对于代谢有多么重要了！绝大多数有便秘困扰的人，平日的饮水量都很少。如果你能从平常的不喝水或少喝水，改成每天至少喝上5～6大杯水，便可以帮助你有效地解决便秘问题。

检查一下你每天的饮水量有多少呢？是否经常饮用各种可乐、汽水或市售的含糖茶饮呢？如果你有便秘的困扰，就不要再喝市售饮料了。含糖饮料很容易吸收身体水分，影响身体原本正常的代谢机能，容易使你的便秘症状加剧！

♥ 水分能促进胃肠蠕动

身体在代谢毒素与脂肪时，需要大量的水分参与。如果体内的水分不足，脂肪与毒素的代谢量就会降低。摄取充足的水分，才能使身体保持正常的代谢作用，顺利将肠道的毒素与脂肪排出体外。

水能为身体补充能量，也能使肠道湿润。大肠与小肠在进行消化作用时，都需要吸收大量的水分，润滑的肠道才能使粪便顺畅地通过排出。

欠缺活力的胃肠无法有效蠕动，因而容易发生便秘。多喝水则能促进胃肠蠕动，特别是早晨的饮水。当胃部与结肠出现反射作用时，就能有效促进排便。早晨起床，胃部呈现空腹状态时，是最好的胃肠反射时间，这时若能多喝些水，就能有效促进胃肠产生反射作用。

♥ 每天喝足8大杯水

健康的人体至少每天要补充5～6大杯水，如果正餐不喝汤，那么必须要补充8～10大杯的水，如此才能为身体补充充足的水分。每天摄取充足的水量，才能帮助身体进行大扫除，使堆积在肠道内的毒素彻底排出体外。

其次，除了饮用充足的水分外，掌握喝水的方式也很重要，有效的喝水方式能让身体与肠道充分吸收到水分。

有效的饮水方法是，要一口气将整杯水（200～250毫升）喝完。如果只随意喝上一两口水，无法让身体真正吸收到所需要的水分。要大口且一口气将水分喝足，如此才能让身体与肠道吸足水分。

喝温水，少喝冰水

温开水对于身体与肠道都是最好的，温水能更有利于肠道吸收。即使在夏天，也建议你要多喝温开水，不要常喝冰水，因为冰水很容易伤害胃肠，会阻碍胃肠的消化代谢功能。此外，也要尽量少喝蒸馏水，因为蒸馏水的水质较酸，较容易伤害肾脏。

❤ 定时饮水最重要

想要改善便秘的问题，就应该养成定时饮水的习惯，不要等到口渴了才去喝水。人体在一天之中，根据不同时段的生理作用，有不同的最佳饮水时机。

充分掌握一天之中最好的饮水时机来饮水，将能大大地改善原本摄取水分不足所引发的排便障碍。掌握固定且最佳的时间饮水，能有效排毒，通过水分的帮助，将身体在不同时段所代谢后的毒素排出体外。

❤ 每日喝水的最佳时段

❶ 早晨刚起床

早晨起床的第一杯水至关重要，建议你空腹饮水，空腹喝下2杯水，能够帮助刺激大肠的蠕动，有利于润肠通便。

喝2杯水： 早晨饮水可以帮助促进胃肠蠕动，让经过一整个夜晚运作的胃肠，能获得充分的水分滋润，对于早晨阶段的排便特别有帮助。早晨起床的饮水量至少要2杯（500毫升），因为人体经过整晚的消化吸收，体内会堆积很多代谢后的废物。若能在早晨大量喝水，就能帮助肾脏与肝脏解毒，促进胃肠排出废物，有效清洁胃肠。

一口气喝完： 要喝上2大杯水的原因在于，人体经过一夜的运作，胃肠处于大量缺水的状态，此时喝下去的水，约有90%会被小肠吸收，只有10%会被大肠吸收。因此若能喝上2杯水，就能尽快补充水分抵达大肠，有效滋润大肠中的粪便，由此便能刺激排便。

冰水刺激肠胃： 刚起床的早晨饮水最能促进毒素排出，而起床一段时间后再喝水，水大概只能被小肠吸收，无法有效被大肠吸收，因此不能发挥促进排便的效果。

冰水通常比温开水更能有效刺激胃肠，如果自己的身体状态能够接受，不妨尝试在一大早的时候饮用一点点冰水，将能促进排便。

❷ 抵达办公室时

从家中抵达公司的过程通常很紧凑，为了缓解身体的紧张节奏，身体内部会吸收大量水分来缓解紧张状态。因此到了公司时，身体往往会呈现缺水现象。

建议抵达公司第一件事情，先帮自己准备一杯250毫升的温开水喝下，不仅可以补充早晨所需要的水分，也有助于为大脑提神，并缓解工作的紧张节奏。

❸ 上午10点左右

上午10点左右，是紧张繁忙的工作时段。建议你在这时喝一杯柠檬水，柠檬酸能促进肠胃排毒，并加强体内新陈代谢。

柠檬香气也有助于使你紧绷的情绪放松，能大大地提升工作效率。经过一整个上午的工作，身体的水分早就被办公室的空调给吸干，这时多喝一些柠檬水，能帮助胃肠补充流失的水分。

❹ 饭前及饭后

中午吃饭前，建议你喝一杯温热的开水。此时喝水可以补充一个上午因为紧张所消耗的身体水分，促进新陈代谢，也能使紧张了一个上午的胃肠有机会充分蠕动。

吃过饭后休息半小时，然后喝一小杯水，这一杯水的功效可以有效强化胃肠的消化吸收功能，同时也能增添大脑活力，使下午工作时更为专心。

❺ 下午3点左右

建议在下午3点左右，饮用一杯热玫瑰花茶，花茶能帮助提供饱腹感，有效抑制食欲，同时也能为紧张繁忙的午后补充充足的水分。充满香气的玫瑰花茶有舒缓紧绷情绪的作用。

下午3点左右，是人体膀胱经最为活跃的时间，多喝水有助于将毒素通过尿液排出体外。由于下午很容易因为贪吃而暴饮暴食，人体往往因为过度饥饿而多吃了许多高热量的饮食，导致脂肪与毒素在肠道中堆积，这时喝一杯温开水或饮用温热花草茶饮，将有助于改善饥饿状态，提供胃肠饱腹感；同时花草茶的香气也有助于提神醒脑。

❻ 下班时段

下午5：30下班要离开办公室前，应该再喝一杯温开水。喝水能缓解下午时段紧张工作而导致的缺水状态，也帮助在晚餐前补充水分，增加饱腹感，以避免在晚餐时暴饮暴食。

❼ 夜晚9点到10点

在夜晚9点到10点之间喝一大杯温开水。夜晚9点左右是人体免疫系统最为活跃的时间，此时人体免疫系统会恢复，同时进行细胞的修复工作，因此在这时补充水分能有助于修护免疫系统，帮助代谢作用顺畅进行。

一日最佳的饮水时段

喝水时段	怎么喝水
早晨刚起床	2杯温开水
8:30	1杯温开水
10:00	1杯柠檬水
午饭前	1杯温开水
午饭后半小时	1小杯温开水
15:00	1杯温开水或花草茶
下班时	1杯温开水
睡觉前	1杯温开水

绝招 2 每天都要吃早餐

想要有效改善便秘症状，每天一定要记得吃早餐。胃肠经过一整夜的消化，到了早晨早已经空空如也了。

这时如果能适当地摄取食物营养，将能促使大肠进行消化作用，有利于清早的代谢消化。而足够的纤维质与丰富的营养成分，能创造足够制造粪便的原料，有助于在大肠中形成粪便，对于缓解便秘是最好的改善之道。

保持良好消化的关键，取决于你吃的东西。容易消化的早餐并不在于吃得多，而是吃得正确与均衡。

早餐尽量多选择谷物食品，因为谷物食品中含有丰富的碳水化合物，能提供身体充分的能量，也有助于促进消化。谷物食品中的高纤维，也有助于促进胃肠的代谢，燕麦片是很不错的选择。

绝招 3 晚餐不要吃太多

你是否习惯将一整天的食物集中在晚餐摄取，或习惯在深夜吃宵夜？为了胃肠健康着想，建议你调整夜晚的饮食方式。

晚餐吃得太丰盛时，过剩的营养会刺激胃黏膜，促使胃酸过度分泌，容易引发胃溃疡。过于丰盛油腻的晚餐，也会导致胃肠难以消化。由于夜晚离睡眠的时间很近，如果吃完晚餐后没有运动，那么所摄取的高脂肪食物将会堆积在胃肠中，无法充分消化吸收，很容易使大肠的代谢出现异常情况，影响到排便的顺畅性。

夜晚的食物选择也很重要，由于晚餐距离睡眠的时间很近，加上夜晚的活动消耗量较少，因此晚餐的饮食摄取不需要太过丰盛，否则过多的营养就会储存在身体内，进而可能造成肥胖。

防治便秘的最佳用餐时间

有些人习惯很晚才吃中餐或晚餐，其实三餐有其建议的特定时间，照着这个时段用餐，患便秘的概率也会比较小。

三餐	建议用餐时间
早餐	7:00
午餐	12:00～13:00
晚餐	17:00～18:00

绝招 ④　改变饮食习惯

平常吃东西的速度是否很快？你是否喜欢一边工作一边吃便当？或是经常囫囵吞枣地就餐？从现在开始要放慢吃东西的速度，只有缓慢的用餐方式，才能避免肠道因紧张而引发便秘症状。

吃东西细嚼慢咽：当你细嚼慢咽时，口腔中的唾液分泌就会增加，会使胃酸与胆汁的分泌减少，如此能更为有效地保护胃肠。慢慢地进食能分泌较多的唾液，唾液能中和胃肠的各种毒性物质，引发良性的连锁反应，帮助排出更多毒素。

多吃高纤食物：膳食纤维可说是使皮肤美丽的最佳营养素。因肠道排泄不顺畅所引发的皮肤问题，建议要多吃高纤维的食物改善。植物性食物中的高纤维能促进排便，有助于将肠道内的老废物质排出体外。

多吃含矿物质食物：蔬菜、水果与五谷杂粮中含有丰富的矿物质，多吃含有丰富矿物质的食物，能使血液保持碱性，降低血液中的乳酸成分，避免肌肤受到乳酸侵蚀而出现粗糙现象。矿物质中的钙能清洁血液，还能使肠道功能活络，保持全身的循环通畅，皮肤自然就会变得润泽美丽。

少吃高脂肪食物：节制高脂肪食物是远离偏头痛症状的首要对策。对于过冷、过于油腻、过于咸辣等重口味的饮食也都应该节制摄取。如果因为暴饮暴食引起消化不良型的急性腹泻症状，建议你要少吃肉类，多吃粥品、低纤维或流质食物等容易消化的食物，让肠道好好休息与复原。

绝招 ⑤　多做运动

每天要保持运动的习惯，让自己的肠道有充分蠕动的机会。走路、有氧运动、爬楼梯或仰卧起坐，对于消除小腹赘肉最有效果。

建议每天晚间练习仰卧起坐，白天充分运用空闲时间多走路，回到家中不要只坐不站，保持多动的习惯，如此可以逐渐帮助你促进肠道代谢，消除小腹的肥胖。

养成多走路的习惯，走路是一种温和的全身运动，能促进血液循环，有效活化心脏，帮助消耗血液中的胆固醇。

走路也能促进肠道蠕动，帮助吸收消化，有效改善因为肠道消化障碍所引发的心血管疾病。

背脊运动使肠道有活力

有便秘困扰时，不妨多做做背脊运动。伸展背脊的锻炼，能有效舒展胃肠，对于改善便秘症状很有帮助。可以进行双手伸直往后伸展、腰部往后伸展的动作，或运用吊单杠的练习，都能帮助你舒缓背脊的压力，也能改善因为背脊僵硬所引发的胃肠代谢不良。

膳食纤维——便秘的救星

要能有效排除便秘的困扰，日常最好多吃高纤维食物。膳食纤维可说是肠道中的优质清道夫，能发挥清除毒素与排除废气的功效，也能有效促进肠道蠕动，使排便顺畅。

每天都摄取充足的膳食纤维的话，不到一个星期就能有效消除便秘的烦恼，体态也会变得轻盈美丽。膳食纤维也是肠道有益菌的来源，越丰富的膳食纤维，越能在肠道中促使肠道中的有益菌繁殖，进而创造有益菌占主导优势的健康肠道环境，让有害菌无法生存。

膳食纤维的清肠作用

① 发酵性： 膳食纤维属于碱性物质，能在肠道中进行发酵作用，有助于驱赶有害的酸性物质，防止酸性物质堆积以及腐化，在肠道中造成恶劣环境。

② 黏性： 膳食纤维通过在肠道中吸收水分，形成黏稠性的物质，有助于吸附毒素，并延缓食物通过消化道的时间，防止血糖值在短时间内快速攀升，有助于控制及稳定住血糖值。

③ 吸附性： 膳食纤维具有吸附毒素的效果，能在肠道中吸收食物残渣的毒素与金属毒物，并包覆成粪便状态，将毒素排出人体之外，可防止肠道致癌。

④ 吸水性： 膳食纤维能在粪便中吸收大量水分，保持粪便的柔软，如此就能轻易地将粪便排出体外，预防排便困难。

水溶性膳食纤维

水溶性膳食纤维是能够溶解于水中的纤维类型，具有黏性，能在肠道中吸收大量水分，使粪便保持柔软的状态。

水溶性纤维能活化肠道中的有益菌，帮助有益菌大量繁殖，创造肠道的生态健康。

水溶性纤维也能有效吸附胆固醇、胆汁酸与脂肪，并有助于减少过剩营养被肠道吸收，能将过剩营养与毒物排出体外。

膳食纤维的主要清肠功能

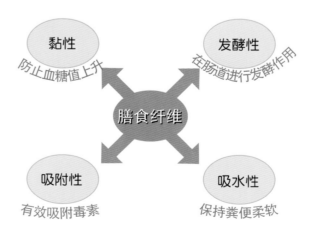

黏性　防止血糖值上升
发酵性　在肠道进行发酵作用
膳食纤维
吸附性　有效吸附毒素
吸水性　保持粪便柔软

膳食纤维的种类

种类	水溶性膳食纤维	不可溶性膳食纤维
特性	能够溶解于水的纤维类型	无法在水中溶解的纤维类型
代表食材	● 海带 ● 紫菜 ● 裙带菜 ● 香菇 ● 蘑菇 ● 魔芋 ● 苹果 ● 香蕉	● 圆白菜 ● 甘薯 ● 芋头 ● 胡萝卜 ● 白萝卜 ● 谷类 ● 豆类 ● 牛蒡

💜 不可溶性膳食纤维

不可溶性膳食纤维是无法溶解于水中的纤维类型，能在肠道中大量扩充粪便体积，增加粪便量，同时能吸收水分，使粪便软硬适中。不可溶性膳食纤维也能有效刺激肠壁，使肠道保持正常的蠕动。

高纤食物排行榜

不同的食物中，蕴藏着丰富的膳食纤维，以下的各类食物，都是你能轻松摄取高纤营养的宝库！

高纤食物	整肠排毒作用	代表食材
豆类	膳食纤维能增加肠道有益菌，促进润肠通便	黄豆、毛豆、绿豆、红豆、扁豆、四季豆、黑豆
蔬菜类	大量的粗纤维，能促进润肠通便，保持肠道生态平衡	洋葱、白萝卜、胡萝卜、花椰菜、小油菜、空心菜、青椒、菠菜、甘薯叶、秋葵、芦笋、小黄瓜、冬瓜、丝瓜
薯类	优质的膳食纤维可改善排便障碍，有效清除宿便，消除突起的小腹	芋头、山药、甘薯、土豆
海菜类	水溶性纤维素，能吸附肠道毒素，有利于消除宿便	紫菜、裙带菜、海带、海菜芽
水果类	果胶纤维能充分吸收水分，扩充粪便体积，能帮助改善便秘	香蕉、苹果、菠萝、鸭梨、猕猴桃、木瓜、番茄、橙子

第 2 篇

肠道饮食革命

39种让肠道更健康的食物
156道优化肠道环境的健康食谱
不同食材的保健功效、食疗效果、排毒成分
以及医师和营养师的贴心叮咛
让你吃得安心,"肠"保健康

预防肠道病变

苹果 *Apple*

- **性质：** 性平
- **适用者：** 高血压、高脂血症患者、产妇便秘者
- **不适用者：** 胃肠虚寒者

苹果保健功效

- 促进消化
- 调整胃肠
- 增强免疫力
- 美容养颜
- 改善便秘
- 预防胃溃疡
- 改善高血压
- 消脂减重

食疗效果

酸甜又充满香气的苹果，热量低，饱含丰富的营养素与膳食纤维，具有卓越的整肠作用，因此成为保养肠胃的优质食物。苹果有多种营养素，能发挥整肠与预防肠道病变的疗效，既能清除宿便、促进通便，又有止泻的作用。对于单纯性的轻型腹泻症状，苹果也能发挥止泻的作用，因而被许多人士奉为整肠第一名的水果。

主要营养成分	每100克中的含量
热量	45千卡
膳食纤维	1.8克
维生素B$_1$	0.02毫克
钾	110毫克
果胶	0.5克

医师提醒您

1. 苹果中含有酸性物质，容易侵蚀牙齿的珐琅质，吃过苹果后若不尽快清洁牙齿，会对于牙齿与口腔健康有害。建议吃过苹果后最好立刻刷牙漱口。

2. 苹果中的果胶能增加饱腹感，有助于控制食欲，苹果酸能分解体内脂肪，有减肥需求者，可通过吃苹果控制体重。

营养师小叮咛

1. 苹果在削皮后容易变色，这是因为多酚物质在酶的作用下容易氧化。建议加入些许盐水来浸泡苹果，如此便能有效防止苹果氧化变色。

2. 苹果中含有大量草酸，尿路结石患者每天饮用苹果汁不宜超过500毫升，以免增加结石的发生率。

排毒成分

膳食纤维 / 半乳糖醛酸 / 果胶 / 维生素B$_1$、维生素C / 苹果多酚 / 前花青素

主要营养素	促进肠道健康的作用
膳食纤维	◆ 排毒；消除便秘
半乳糖醛酸	◆ 排除毒素
果胶	◆ 防止食物在肠道中腐化；代谢胆固醇
维生素B$_1$	◆ 促进能量代谢
维生素C	◆ 清洁肠道；降低胆固醇；防止肠道产生致癌物质
苹果多酚	◆ 抗氧化；增强肠道免疫力；降低血压与血糖
前花青素	◆ 预防结肠癌

☀ 苹果的整肠排毒营养素

❶ 半乳糖醛酸

苹果中的半乳糖醛酸物质存在于果胶纤维中，具有排毒的效果，能防止肠道产生各种致癌物质。半乳糖醛酸还能吸收肠道中的多余水分与毒素，帮助排除肠道中的毒素，使肠道更为干净健康，有效降低大肠癌的发生率。

❷ 维生素C

苹果中含有惊人含量的维生素C，每100克苹果中就含有10克的维生素C。这些含量丰富的维生素C能有效抑制肠道中的细菌，帮助人体保持肠道的健康。

❸ 果胶

苹果中含有丰富的果胶纤维，能强力吸收肠道中的有毒物质，防止食物在肠道中腐化。果胶是一种水溶性的膳食纤维，其功效在于能活化肠道与促进蠕动。果胶能与胆囊中的胆汁酸结合，将多余的胆固醇吸收并排出体外。摄取充足的果胶能防止食物在肠道中腐化，减少肠道内的有害菌数量，让有益菌顺利繁殖。

❹ 苹果酸

苹果对于经常腹泻的人也有保健功效，其所含的苹果酸具有收敛胃肠的作用，有助于防止腹泻发生。同时，苹果酸也有助于稳定血糖。

苹果这样吃最好!

✔ 空腹吃 如要有效改善便秘症状，建议你每天在饭前吃一个苹果。早上尚未进食时，先吃一个苹果的效果最好。苹果的高纤维能促进肠道内的有益菌生长，让排便更为顺畅。

✔ 生 吃 若要通过苹果来发挥整肠效果，最好生吃苹果。生食苹果能完整地摄取到丰富的膳食纤维，有助于整肠并促进排泄。

✔ 连皮吃 摄取苹果时，最好连皮一起食用。苹果的外皮中含有同样丰富的膳食纤维，同时也富含各种抗氧化的多酚物质，这是一种能防止自由基作怪的优秀营养素。苹果连皮食用能帮助人体摄取充足的营养，同时也能提高肠道的免疫力。

注意事项 腹泻时吃熟苹果

如有因脾胃虚寒引起的慢性腹泻症状，将苹果煮熟食用较好。建议将苹果包在铝箔纸中，放入电饭锅或烤箱中烹调熟软再食用，如此能有效保护胃肠。

整肠效果分析

苹果与酸奶都是具有卓越整肠效果的食物，连皮打成果汁饮用，除了丰富的苹果果胶纤维，也能摄取到苹果多酚的抗氧化营养素。同时酸奶能促进有益菌在肠道繁殖，每天饮用能有效促进肠道健康。

苹果酸奶

❀ 润肠通便＋美容养颜

1 人份

- 热量 218千卡
- 蛋白质 5.7 克
- 脂肪 2.7 克
- 糖类 44.8 克
- 膳食纤维 2.2克

■材料 *Ingredients*

苹果⋯1个
酸奶⋯200毫升
开水⋯50毫升

■做法 *Method*

① 将苹果清洗干净，连皮切块。
② 把苹果块放入果汁机中，加入酸奶与开水一起打成果汁即可。
③ 果汁打好后不用过滤纤维，请直接饮用。

琼脂苹果泥

1 人份

❀ 整肠健胃＋促进代谢

- 热量 118.4千卡
- 蛋白质 0.2 克
- 脂肪 0.2克
- 糖类 31.5 克
- 膳食纤维 7.6克

■材料 *Ingredients*

苹果⋯2个
琼脂粉⋯6克
水⋯500毫升

■调味料 *Sauce*

盐⋯适量

■做法 *Method*

① 将琼脂粉放入水中煮，煮沸后再以小火煮约2分钟即可熄火。
② 把苹果清洗干净，连皮研磨成苹果泥。
③ 将苹果泥倒入已经冷却的琼脂汁液中充分混合。
④ 倒入密闭容器中，放入冰箱冰镇保存。可在三餐饭前食用1杯的分量。

整肠效果分析

琼脂萃取自海洋中的海藻，具有不可溶解的特性，可迅速吸收各种脂肪与老废毒素，帮助排出宿便。加上苹果泥的卓越整肠效果，让琼脂在人体的肠道代谢能力上更有补益效果。

苹果酸奶沙拉

❀ 抗老防癌＋帮助消化

1 人份

- 热量 325.6千卡
- 蛋白质 7.5克
- 脂肪 12.4克
- 糖类 48.7克
- 膳食纤维 3.3克

■材料 *Ingredients*

苹果…1个
酸奶…1盒（120克）
开心果…5克
蜂蜜…1大匙

■做法 *Method*

1. 将酸奶倒入大碗中。苹果切丁。
2. 把开心果捣碎，连同苹果丁加入酸奶中，并淋上一大匙蜂蜜。
3. 充分搅拌后即可食用。

整肠效果分析

苹果中的果胶纤维能帮助肠道蠕动，蜂蜜中的寡糖能增进肠道有益菌生长，酸奶中的乳酸菌能发挥整肠效果，多吃苹果沙拉可有效延缓肠道老化。

苹果什锦饭 **1** 人份

❀ 促进食欲＋排毒瘦身

- 热量 585千卡
- 蛋白质 16.7克
- 脂肪 3.9克
- 糖类 121.6克
- 膳食纤维 7.0克

■材料 *Ingredients*

苹果…1个	番茄…1个
火腿…2片	芹菜…2根
青豆…10克	玉米粒…15克
大米饭…1碗	

■调味料 *Sauce*

酱油…少许　　橄榄油…1大匙

■做法 *Method*

1. 苹果洗净切丁，放入盐水泡过，取出并沥干水分。番茄洗净切丁；芹菜切小段，火腿切丁。
2. 在锅中放入适量的油加热，放入芹菜炒香，再加入苹果丁、番茄丁、火腿丁、芹菜、青豆与玉米粒一起拌炒。
3. 加入些许酱油翻炒，最后放入大米饭，以大火迅速翻炒即可起锅。

整肠效果分析

苹果加入中式炒饭中，能为普通的炒饭增添酸甜的口感，具有很好的健胃效果。加上番茄、芹菜、青豆、玉米等高纤维的蔬菜一起拌炒，能使人在一餐中摄取到充足的膳食纤维。

酶含量高

木瓜 *Papaya*

- **性质**：性温
- **适用者**：消化不良者、便秘患者
  胃病患者
- **不适用者**：孕妇、过敏体质者

木瓜保健功效

- 促进消化
- 改善便秘
- 调整胃肠
- 预防胃溃疡
- 增强免疫力
- 改善高血压
- 保护肝脏
- 缓解疲劳

食疗效果

　　木瓜中的胡萝卜素能帮助人体细胞抗氧化，木瓜蛋白能促进消化，帮助脂肪代谢，有利于改善便秘。木瓜也有养肝疗效，维生素C有助于清除自由基，强化肝脏细胞的抵抗力，还能稳定肝脏的细胞膜。木瓜中的番木瓜碱具有消炎抗菌的作用，也能有效降低血脂，其中所含的膳食纤维能降低胆固醇，具有强健心脏与血管的功效。

主要营养成分	每100克中的含量
热量	52千卡
膳食纤维	1.7克
维生素C	74毫克
镁	12毫克
钾	220毫克

医师提醒您

1. 有肝脏疾病的患者的由于体内代谢功能失调，往往有营养缺乏的现象。木瓜中含有多种氨基酸，能提供人体许多必需氨基酸，改善肝脏疾病患者的营养不足症状。

2. 木瓜中含有雌激素，容易干扰孕妇体内的激素。特别是青木瓜对于胎儿更不利，建议孕妇尽量少食用木瓜。

营养师小叮咛

1. 木瓜是喜温水果，最怕受到冷空气侵袭，较适合放在室温中自然催熟。避免将买回来的木瓜直接放入冰箱，这样木瓜表皮会出现黑褐色斑点，影响木瓜口味。

2. 木瓜中的类胡萝卜素会沉积在皮肤中，使肤色变黄，因此应控制木瓜的食用量。

排毒成分

膳食纤维／有机酸／蛋白酶／果胶／维生素C／钾、镁

主要营养素	促进肠道健康的作用
膳食纤维	◆ 排毒；改善便秘
有机酸	◆ 清洁肠道
蛋白酶	◆ 促进消化；防止腹胀
果胶	◆ 清洁肠道；排除毒素
维生素C	◆ 清洁肠道；增强肠道免疫力 ◆ 防止因紧张引起的肠道蠕动障碍
钾、镁	◆ 清洁肠道；促进消化作用；保持肠道酸碱平衡

☀ 木瓜的整肠排毒营养素

❶ 蛋白酶

木瓜中含有的蛋白酶成分，具有分解蛋白质的作用，能促进消化，防止腹胀。木瓜蛋白酶主要能缓解消化不良现象，对于胃病也有舒缓的效果。木瓜蛋白酶也能诱导癌细胞死亡，具有一定的防癌作用。

❷ 维生素C

木瓜中的维生素C含量至少是苹果的48倍，能发挥清洁肠道的作用，并促进肠道的代谢进行；维生素C也能增强肠道的免疫力，防止肠道出现癌变。

木瓜中的维生素C能防止身体因为过于紧张而出现肠道蠕动障碍，更能促进肠道蠕动，促进肠道的代谢能力。木瓜中的维生素C也能促进肝细胞再生，有助于修护受损的肝脏细胞。

❸ 番木瓜碱

木瓜中的番木瓜碱成分，能有效抑制白血病癌细胞的活性，也能阻碍致癌物质亚硝胺在体内合成，从而预防肿瘤的发生。

❹ 有机酸

木瓜中的有机酸能有效促进肠道分泌消化液，可改善消化不良现象，有机酸也能促进食欲，同时发挥清洁肠道的功效。

木瓜这样吃效果最好

Good for you

✔ 木瓜＋猪肉＝促进吸收蛋白质

营养配对：猪肉中含有丰富的蛋白质，与含有丰富蛋白酶的木瓜一起食用，能帮助软化猪肉组织，使猪肉的口感更好，同时木瓜蛋白酶也能帮助人体更容易吸收猪肉中的蛋白质。

✔ 木瓜＋牛奶＝增加铁吸收

营养配对：木瓜中的木瓜蛋白酶与牛奶中的蛋白质结合时，让人体更容易吸收牛奶中的蛋白质；维生素C能促进牛奶中的铁质被吸收，可预防贫血。

✔ 木瓜＋鸡肉＝软化肉质口感佳

营养配对：鸡肉与含有蛋白酶的木瓜一起食用时，木瓜蛋白酶能软化鸡肉组织，使鸡肉的口感更好，木瓜蛋白酶也能帮助人体更好的吸收鸡肉中的蛋白质。

✔ 木瓜＋糙米＝缓解疲劳

营养配对：含有维生素B$_2$的木瓜与含有维生素E的糙米一起食用，能帮助缓解疲劳；木瓜与糙米中都含有大量维生素B$_1$，能促进肠道健康，帮助改善便秘。

木瓜健肠料理

整肠效果分析

木瓜的膳食纤维与维生素C可以清洁肠道，其所含的木瓜蛋白酶能分解鸡肉，使蛋白质易被人体吸收。柠檬汁能促进肠道消化作用，使肠道代谢顺畅健康。

木瓜鸡肉沙拉

❀ 清洁肠道＋美容护肤

1
人份

■材料 *Ingredients*

木瓜…半个
鸡肉…60克
核桃…8克
沙拉酱…2大匙
柠檬汁…2小匙

- 热量 369.3千卡
- 蛋白质 18.2克
- 脂肪 17.2克
- 糖类 39.6克
- 膳食纤维 5.2克

■做法 *Method*

① 木瓜去皮，切成块状，并撒上柠檬汁备用。

② 鸡肉放入滚水中煮熟，取出至冷水中冰镇后沥干，洒上柠檬汁。

③ 捣碎核桃，将木瓜与鸡肉装盘，浇上沙拉酱，并撒上核桃粒即可。

木瓜杏仁茶

❀ 清心润肺＋美肌润肠

1
人份

- 热量 474.2千卡
- 蛋白质 4.5克
- 脂肪 1.3克
- 糖类 119.7克
- 膳食纤维 8.6克

■材料 *Ingredients*

木瓜…1个
杏仁粉…15克
冰糖…80克

■做法 *Method*

① 把木瓜剖开，除去籽后切块。

② 将木瓜放入碗中，加入冰糖与杏仁粉。

③ 取一只锅，放入清水，并将盛装材料的碗放入锅中，隔水蒸煮后即可食用。

整肠效果分析

杏仁木瓜汁能发挥滋润肠道的效果，杏仁中的脂肪酸可润肠通便，维生素C能代谢肠道毒素，蒸煮木瓜还有清润心肺与止咳化痰的作用。

整肠效果分析

　　木瓜中的蛋白酶能有效分解排骨的蛋白质，使蛋白质更容易被人体吸收；木瓜与排骨炖煮能够发挥优良的滋补效益，有助于提高人体的免疫功能。

木瓜排骨汤

❀ 滋补养身＋增强免疫力

1 人份

■材料 *Ingredients*

木瓜…1个
小排骨…220克
辣椒…2个
姜片…3片

- 热量 588千卡
- 蛋白质 25.9克
- 脂肪 23.3克
- 糖类 68.7克
- 膳食纤维 9.2克

■调味料 *Sauce*

盐…2小匙　　　料酒…2大匙

■做法 *Method*

① 木瓜去皮，切块。辣椒切丝。
② 小排骨洗净，放入滚水中烫过，取出备用。
③ 锅中放水煮滚，加入料酒、盐与姜片，放入小排骨，以大火煮开。
④ 改成小火将排骨炖到烂熟，最后加入木瓜煮熟，再加入辣椒丝即可。

木瓜炒墨鱼

❀ 肠道酸碱平衡＋降压护心

1 人份

■材料 *Ingredients*

木瓜…1/2个　　柠檬…1/2个
墨鱼…100克　　洋葱…1/3个
辣椒…2根

- 热量 421.3千卡
- 蛋白质 20克
- 脂肪 15.9克
- 糖类 48.9克
- 膳食纤维 6.4克

■调味料 *Sauce*

砂糖…1小匙　　橄榄油…1大匙
醋…2大匙　　　料酒…1大匙
盐…1小匙

■做法 *Method*

① 木瓜去皮，切块状备用。
② 墨鱼先清洗处理，以盐腌渍片刻。柠檬挤汁备用，辣椒切丝。洋葱切长条状。
③ 热锅放油，放入洋葱爆香，接着放入墨鱼拌炒，再加入柠檬汁、料酒、盐、醋、砂糖调味。
④ 加入木瓜及辣椒丝，拌炒3分钟即可。

整肠效果分析

　　墨鱼含多种矿物质，能促进肠道酸碱平衡；木瓜的膳食纤维可增强肠道的排毒功效；洋葱具有杀菌作用；柠檬能帮助肠道分泌消化液，促使肠道消化良好。

酸甜美味润肌肤

草莓 Strawberry

- **性质：** 性凉
- **适用者：** 便秘患者、癌症患者
  高血压患者、白血病患者
- **不适用者：** 尿路结石患者

草莓保健功效

- 促进消化
- 改善便秘
- 防止动脉硬化
- 预防心血管疾病
- 增强免疫力
- 对抗老化
- 美容养颜
- 预防癌症

食疗效果

口感酸甜的草莓是许多人在春季最爱食用的水果，草莓中含有大量的维生素C，能有效增强人体的代谢，同时还能帮助肠道消化。其中更含有丰富的膳食纤维，有助于清洁肠道，并能保护肝脏的健康。草莓所含的鞣花酸是抗癌的优质营养素，能阻止癌细胞形成，其多种矿物质与维生素更是维持肌肤细致与滋润的功臣，多吃草莓能保持肌肤光滑美丽。

主要营养成分	每100克中的含量
热量	39千卡
膳食纤维	1.6克
维生素C	35毫克
钾	170毫克
磷	27毫克

 医师提醒您

1. 草莓能保护人体的肝脏与肾脏功能。草莓含有丰富的钾元素，多吃草莓可强化肝肾的排毒功效，帮助人体代谢后的毒素顺畅排出体外。

2. 草莓所含的草莓胺物质能有效预防再生障碍性贫血与白血病，多吃草莓也能抵抗电脑辐射对人体的影响。

 营养师小叮咛

1. 草莓所含的草酸较多，容易引起尿路结石，因此尿路感染或肾脏虚弱者应该少食用草莓。胃肠功能较为虚弱者，也应该节制食用。

2. 草莓直接连着蒂在流动清水中冲洗，先放入盐水中浸泡5分钟，再使用清水冲洗，以去除草莓上残留的水溶性农药。

排毒成分 膳食纤维 / 有机酸 / 果胶 / 维生素B₁ / 维生素C / 钾

主要营养素	促进肠道健康的作用
膳食纤维	◆ 排毒；消除便秘
有机酸	◆ 清洁肠道
果胶	◆ 清洁肠道；防止食物在肠道中腐化
维生素B₁	◆ 增加肠道有益菌数量；促进肠道蠕动与消化
维生素C	◆ 防止食物在胃肠里形成亚硝胺致癌物质 ◆ 预防胃癌；清洁肠道；滋润肠道
钾	◆ 保持酸碱平衡

☀ 草莓的整肠排毒营养素

❶ 膳食纤维

草莓所含的丰富膳食纤维，具有卓越的排毒功效，可促进肠胃蠕动，减少有毒物质在肠道中滞留，有效保护胃壁与肠壁，达到保护肠道与清洁肠道的功效。草莓中的膳食纤维也能保持通便的正常，能有效地在肠道中吸收水分，并扩充粪便体积，发挥润肠通便的功效，预防大肠癌。

❷ 果胶

草莓中含有丰富的果胶成分，这种果胶属于水溶性纤维，具有卓越的吸附能力，能吸收肠道内的有害物质。果胶能有效刺激肠壁，有助于促进消化液分泌，并强化肠道的蠕动，有利于消化。果胶也能防止食物残渣在肠道中腐化，可快速促进排便，将毒物排出体外。

❸ 鞣花酸

草莓中含有一种独特的鞣花酸，能有效分解食物中的多余脂肪，并吸附有害的化学物质，阻止人体对毒物的吸收。鞣花酸也能阻止致癌细胞将其他健康细胞转变为癌细胞，具有良好的防癌效果。

☀ 如何聪明吃草莓

❶ 加入坚果

吃草莓时不妨加入一些坚果，如杏仁、核桃或榛果一起食用，草莓中的维生素C能加强坚果中维生素E的效果，可有效发挥抗氧化作用。维生素C也能强化坚果中铁的吸收，使人体血液循环良好，提高肠道的新陈代谢能力。

❷ 做成沙拉

草莓很适合与海鲜做成一道开胃沙拉，
加入沙拉酱一起调配食用，草莓中的维生素C也能增强沙拉酱中维生素E的抗氧化效果，有助于舒缓肠道的紧张状态。

草莓健肠料理

整肠效果分析

　　草莓与菠萝中都含有丰富的维生素C，能促进肠道消化；膳食纤维能帮助代谢毒素，有助于改善便秘症状。草莓中含有丰富的果胶成分，这种果胶属于水溶性纤维，具有卓越的吸附能力，能吸收肠道内的有害物质。

草莓菠萝汁

❀ 消脂排毒＋帮助消化

1
人份

- 热量 128.8千卡
- 蛋白质 2.1克
- 脂肪 0.4克
- 糖类 31.8克
- 膳食纤维 3.4克

■材料 *Ingredients*

草莓···15颗
菠萝···50克
蜂蜜···适量
腰果···5克

■做法 *Method*

① 将草莓洗净去蒂，菠萝切大块。
② 把草莓与菠萝块放入果汁机中打成果汁，调入适量蜂蜜。
③ 撒上少许腰果即可。

草莓酸奶

❀ 轻身健体＋整肠清毒

1
人份

- 热量 243.9千卡
- 蛋白质 5.3克
- 脂肪 4.2克
- 糖类 48.5克
- 膳食纤维 1.8克

■材料 *Ingredients*

草莓···10颗
蜂蜜···2大匙
酸奶···1盒（120克）

■做法 *Method*

① 将草莓洗净，去蒂切对半。
② 把草莓放入碗中，倒入蜂蜜与酸奶拌匀即可食用。

整肠效果分析

　　酸奶与蜂蜜能增加肠道有益菌数量，草莓中的膳食纤维能发挥润肠通便的效果。这一道草莓酸奶能清洁肠道毒素，使人体态轻盈，保持皮肤光洁美丽。

粉红草莓饮

❁ 解毒防癌＋增强免疫

1
人份

- 热量 102.2千卡
- 蛋白质 0.7克
- 脂肪 0.1克
- 糖类 25.9克
- 膳食纤维 1.1克

■材料 *Ingredients*

草莓…60克
蜂蜜…25克

■做法 *Method*

1. 将草莓洗干净去蒂，放入凉白开水中浸泡。
2. 把草莓取出放入果汁机中打成糊状，放入杯中并加入蜂蜜调匀。
3. 加入凉白开水适量冲泡，放入冰箱中冰镇后即可饮用。

整肠效果分析

　　草莓的鞣花酸能帮助解毒抗癌，增强身体的免疫力，维生素C能帮助对抗肠道病毒感染，使肠道保持健康。而草莓中丰富的膳食纤维，具有卓越的排毒功效，可有效保护胃壁与肠壁。

莓果酵母汁

❁ 缓解疲劳＋预防便秘

1
人份

- 热量 400.4千卡
- 蛋白质 11.3克
- 脂肪 0.8克
- 糖类 92.6克
- 膳食纤维 10.4克

■材料 *Ingredients*

草莓…400克
白糖…50克
酵母…适量

■做法 *Method*

1. 将草莓洗干净并去蒂，放入果汁机中打成汁。
2. 把打好的草莓汁放入锅中，以小火煮15分钟，冷却后滤掉渣质。
3. 酵母加入清水稀释，将白糖与酵母混合液加到草莓汁中拌匀，放入冰箱中冷却即可饮用。

整肠效果分析

　　酵母能促进肠道有益菌的增加，草莓中的膳食纤维可促进肠道的生态平衡，维持肠道健康。两者一起饮用能有效改善长期便秘症状。

果胶丰富便秘救星

香蕉 *Banana*

- **性质：** 性平
- **适用者：** 孕妇、高血压患者、癌症患者、贫血者、神经衰弱者
- **不适用者：** 胃肠虚寒者、痛经患者

香蕉保健功效

- 促进消化
- 调整胃肠
- 增强免疫力
- 美容养颜
- 改善便秘
- 预防胃溃疡
- 改善高血压
- 缓解疲劳

食疗效果

充满香气的香蕉，是最便宜美味的水果，也是改善便秘症状第一个会想到的食物。香蕉中含有丰富的矿物质（如镁、钙、磷、铁、钾），有助于清洁肠道，保护肝脏的健康，也能保持体内酸碱平衡。

香蕉中的丰富果胶，具有吸收水分的优异作用。多吃香蕉能帮助顺肠通便，促进消化，预防胃溃疡，使排便更为顺畅。

主要营养成分	每100克中的含量
热量	26千卡
膳食纤维	0.9克
寡糖	0.3克
维生素E	0.3毫克
磷	31毫克
钙	9毫克

医师提醒您

1. 香蕉中含有的钾较多，会降低身体对于钠的吸收，因此肾功能较弱者应该减少食用。

2. 香蕉热量较高，可作为体质虚弱或病后初愈者的体力滋补食品；但是正在控制体重的肥胖者应该节制食用，以免造成体内血糖与热量升高。

营养师小叮咛

1. 香蕉中的果肉在与空气接触后会呈现咖啡色。建议在香蕉果肉上面滴上柠檬汁或橙汁，就能有效防止香蕉果肉变色。

2. 香蕉含糖量近20%，其中果糖和葡萄糖之比例为1:1，对辅助治疗脂肪痢非常有帮助，也可用于中暑性消化不良。

排毒成分 膳食纤维／果胶／抗溃疡化合物／矿物质（镁、钙、磷、铁、钾、硫、铜）／维生素C

主要营养素	促进肠道健康的作用
膳食纤维	◆ 软化粪便；排毒；消除便秘
果胶	◆ 润肠通便；促进消化；抑制有害菌生长
抗溃疡化合物	◆ 抑制胃酸 ◆ 保护胃部黏膜
矿物质（镁、钙、磷、铁、钾、硫、铜）	◆ 清洁肠道 ◆ 保持肠道环境酸碱平衡
维生素C	◆ 清洁肠道；促进消化；增强代谢作用

☀ 香蕉的整肠排毒营养素

❶ 抗溃疡化合物

香蕉中的抗溃疡化合物有助于抑制胃酸，改善胃酸分泌过多的现象，有效缓和胃酸对于胃部黏膜的刺激。多吃香蕉也可促进胃部黏膜细胞生长，能保护胃部黏膜，有助于预防胃溃疡症状。

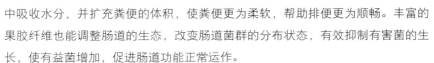

❷ 果胶

香蕉中含有丰富的果胶纤维，能在肠道中吸收水分，并扩充粪便的体积，使粪便更为柔软，帮助排便更为顺畅。丰富的果胶纤维也能调整肠道的生态，改变肠道菌群的分布状态，有效抑制有害菌的生长，使有益菌增加，促进肠道功能正常运作。

❸ 钾

香蕉中含有丰富的钾，它是一种天然的碱剂，能有效抑制胃酸的分泌，保护胃壁，并舒缓胃部灼热的症状。

❹ 寡糖

香蕉中的寡糖是一种高机能的甘味料，能直达肠道内部，增加肠道内的乳酸杆菌与双歧杆菌。香蕉中的寡糖成分能有效增加肠道中的有益菌数量，有助于维持肠道中菌群生态的平衡，有效维护肠道的健康，改善便秘症状。

❺ 维生素B6

香蕉中的维生素B6能促进肠道蠕动，发挥滋润肠道的功效。

香蕉这样吃效果最好

Good for you

✔ **香蕉＋酸奶＝帮助安眠**
营养配对：将香蕉与酸奶一起搭配食用，香蕉中的色氨酸能与酸奶中的色氨酸共同作用，加强合成血清素，使脑部放松，改善失眠困扰。

✔ **香蕉＋牛奶＝促进吸收蛋白质**
营养配对：香蕉含碳水化合物、蛋白质、矿物质等；牛奶由脂肪、蛋白质等组成。两者的营养成分互相补益，可促进蛋白质的吸收，营养丰富又美味。

✔ **香蕉＋黄豆＝消除胀气**
营养配对：香蕉很适合与黄豆搭配食用，特别是黄豆制的豆浆。香蕉与黄豆中的卵磷脂相互作用，有助于刺激肠道蠕动，排除肠道中的废气。

✔ **香蕉＋黑芝麻＝保护肠道健康**
营养配对：香蕉中的膳食纤维能排除肠道毒素，与黑芝麻一起食用时，黑芝麻中的维生素E能防止细胞氧化衰老，有助于提高肠道的免疫力。

香蕉健肠料理

整肠效果分析

香蕉豆奶露

❀ 丰富酶＋健肠排毒

1人份

- 热量 268千卡
- 蛋白质 6.0克
- 脂肪 1.4克
- 糖类 63.4克
- 膳食纤维 3.4克

■**材料** *Ingredients*

香蕉…1根
豆奶…200毫升

■**做法** *Method*

① 将香蕉去皮切块。
② 再把香蕉加入豆奶混合打成果汁，直接饮用即可。

豆奶中的维生素与卵磷脂成分，有助于刺激肠道蠕动。豆奶混入香蕉时，有助于顺利排放腹内的废气，排除肠道内毒素，维护肠道健康。

香蕉蜂蜜煎

❀ 预防肠道老化＋安眠镇静

1人份

- 热量 499千卡
- 蛋白质 5.4克
- 脂肪 1.1克
- 糖类 123.5克
- 膳食纤维 6.4克

■**材料** *Ingredients*

香蕉…2根
杏仁片…5克
蜂蜜…2大匙

■**调味料** *Sauce*

白兰地酒…1小匙

■**做法** *Method*

① 把每根香蕉对切成两半，再剖成对半。（一根香蕉切成4片）
② 将油放入平底锅加热，热锅后放入香蕉，以小火煎。
③ 加入蜂蜜一起煎，直到香蕉充分吸收蜂蜜，最后加入少许白兰地，熄火。
④ 将香蕉盛盘，撒上杏仁片即可。

整肠效果分析

香蕉具有丰富的膳食纤维，可刺激肠胃蠕动；蜂蜜可润泽肠道，让排便更为顺畅。不仅能改善便秘症状，更能帮助减肥人士快速减肥。不过必须注意营养均衡，避免产生不良反应。

香蕉糯米粥

❀ 补充元气＋健脾益胃

1 人份

- 热量 709.3千卡
- 蛋白质 11.9克
- 脂肪 1.2克
- 糖类 172.2克
- 膳食纤维 7.0克

■材料 *Ingredients*

香蕉…2根
糯米…80克
冰糖…15克

■做法 *Method*

① 把香蕉去皮切片。
② 将糯米清洗干净，放入锅中加入清水熬煮成粥。
③ 煮沸后加入香蕉片一起煮，加入冰糖，以小火煮沸即可食用。

整肠效果分析

香蕉中含有丰富的钾，它是一种天然的碱剂，能有效抑制胃酸的分泌；寡糖成分能有效增加肠道中有益菌数量。香蕉粥能缓解便秘，有助于滋润肠道，促进消化。

香蕉蜜茶

❀ 补脑安神＋消除肠躁

1 人份

- 热量 213.5千卡
- 蛋白质 2.6克
- 脂肪 0.4克
- 糖类 55.6克
- 膳食纤维 3.2克

■材料 *Ingredients*

香蕉…1根
绿茶叶…3克
蜂蜜…10克

■调味料 *Sauce*

盐…少许

■做法 *Method*

① 将香蕉切小块与绿茶叶放入碗中，加入沸水冲泡成茶饮。
② 加入蜂蜜与盐混合后即可饮用。

整肠效果分析

香蕉具有清洁肠道的效果，能改善便秘症状，同时香蕉中还含有多种矿物质，能安抚脑神经；蜂蜜也有滋润肠道与安抚情绪的效果，可以有效舒缓头痛症状。

肠道排毒首选水果

葡萄 *Grape*

- **性质：** 性平
- **适用者：** 孕妇、高血压患者、癌症患者、贫血者
- **不适用者：** 糖尿病患者、肥胖者

葡萄保健功效

- 促进消化
- 改善便秘
- 降低胆固醇
- 预防心血管疾病
- 预防贫血
- 预防癌症
- 改善高血压
- 美容养颜

食疗效果

口感香甜多汁的葡萄，也是优良的肠道排毒水果。葡萄自古以来就是保护胃肠的优质水果，葡萄从果皮、果肉到果汁都具有相当高的营养价值，能促进肠道分泌黏液，有效帮助清除胃肠内的毒素与废物，使肠道保持健康。葡萄中的果糖与有机酸也能调整胃肠功能，发挥强健脾胃的疗效。葡萄含丰富的铁与钙，有很好的补血功能。

主要营养成分	每100克中的含量
热量	46千卡
膳食纤维	0.6克
维生素C	5毫克
钾	130毫克
维生素B₁	0.04毫克

医师提醒您

1. 葡萄中的热量与糖分较高，40粒葡萄相当于2个苹果的总热量，因此糖尿病患者或肥胖者应该谨慎食用。

2. 葡萄干虽铁含量较高，但是热量也相对较高，肥胖者应该节制摄取。葡萄营养丰富，但多食会引起内热、便秘或腹泻等不良反应，须注意食用量。

营养师小叮咛

1. 葡萄果皮含多酚，特别是深紫色的葡萄有卓越的排毒效果，最好连同葡萄皮一起食用，使其发挥排毒抗病的功效。

2. 当人体出现低血糖症状时，可饮用葡萄汁来缓解低血糖症状，因为葡萄汁中的葡萄糖成分能迅速被人体吸收，有助于改善低血糖的不适。

排毒成分

膳食纤维／脂肪酸／有机酸／多种矿物质／B族维生素／维生素C

主要营养素	促进肠道健康的作用
膳食纤维	◆ 软化粪便；排毒；消除便秘
脂肪酸	◆ 润肠通便
有机酸	◆ 促进食欲；促进消化液分泌；健胃
多种矿物质	◆ 促进肠道消化；清洁肠道；保持肠道酸碱平衡
B族维生素	◆ 促进肠道消化；增加肠道有益菌数量
维生素C	◆ 清洁肠道；增强肠道免疫力 ◆ 防止人体紧张引起的肠道蠕动障碍

葡萄的整肠排毒营养素

❶ 天然聚合苯酚

葡萄中含有一种名为天然聚合苯酚的物质，这种物质能与细菌或病毒中的蛋白质结合，使病毒失去毒性或降低其传染疾病的威力，因而能帮助人体对抗病毒。

❷ 多酚

葡萄中的多酚能发挥抗氧化的作用，可抑制致癌物质在身体中活化，有助于保护身体对抗氧化，防止致癌物质对人体的肠道产生攻击。

❸ 花青素

花青素是使葡萄成为深紫色的主要营养素，深紫色的葡萄具有卓越的排毒功能，可帮助肝脏与胃肠清除废物与毒素，同时有助于消除体内的自由基，防止氧化作用的发生。

❹ 维生素C

葡萄中的维生素C有助于清洁肠道中的细菌，并能防止在肠道中形成致癌物质，有效保护肠道健康，增强肠道的免疫能力，避免罹患胃癌与食道癌。

维生素C也能帮助舒缓压力，防止身体因为过于紧张而出现肠道蠕动障碍，更有利于肠道蠕动代谢，促进肠道的代谢能力。

 葡萄这样吃最好!

✔ 与糯米一起食用	将葡萄干与糯米熬煮成粥，能发挥较好的补血效果。葡萄中的叶酸能与糯米中的铁一起作用，有助于维持人体红细胞的正常运作，使皮肤红润，帮助缓解疲劳。
✔ 连皮吃	吃葡萄时最好连葡萄皮一起食用，因为葡萄中的高抗氧化营养成分都集中在葡萄皮，连皮吃能摄取到葡萄的完整营养素。 如果要打葡萄果汁，最好也连皮与葡萄籽一起打成果汁，葡萄籽中含有单宁成分，具有保护心血管与抗氧化的疗效作用。
✔ 吃葡萄干	葡萄干中所含有的铁比新鲜葡萄要高，若无法经常摄取新鲜葡萄，也可多吃些葡萄干，有助于补铁，从而有效预防贫血。

葡萄健肠料理

蜂蜜葡萄汁

❀ 补血防癌＋活络肠道

 1人份

- 热量 161.3千卡
- 蛋白质 1.4克
- 脂肪 0.4克
- 糖类 41.6克
- 膳食纤维 1.2克

■材料 *Ingredients*

葡萄…20颗
蜂蜜…1大匙

■做法 *Method*

① 葡萄洗干净，放入果汁机中打汁，以滤网过滤掉果皮与果渣。

② 饮用时可依个人喜好，调入蜂蜜拌匀饮用。

整肠效果分析

　　葡萄汁中的铁质能补血，维生素C有助于清除肠道毒物，葡萄中的单宁能延缓老化。葡萄中多酚含量高、活性强，能通过抑制自由基，降低癌症的发生率。

葡萄海鲜沙拉

❀ 美颜活肤＋清肠通便

 1人份

■材料 *Ingredients*

葡萄…15颗　　墨鱼…50克
鲜虾仁…50克　芹菜…1根
蜂蜜…1大匙

- 热量 549.5千卡
- 蛋白质 19.7克
- 脂肪 30.6克
- 糖类 52.9克
- 膳食纤维 1.2克

■调味料 *Sauce*

橄榄油…3大匙
葡萄酒醋…2大匙

■做法 *Method*

① 葡萄洗干净，墨鱼与鲜虾仁分别以沸水烫过，取出放凉。

② 芹菜清洗干净，去掉叶片部分，切成小段状。

③ 将芹菜、墨鱼、虾仁与葡萄铺在盘中。

④ 把橄榄油、蜂蜜与葡萄酒醋拌匀作为酱汁，淋在海鲜盘上即可。

整肠效果分析

　　葡萄中的多酚物质能帮助增强肠道免疫力，蜂蜜可促进肠道生态平衡，芹菜的膳食纤维能促进肠道代谢，多吃这道沙拉能缓解便秘，也能美颜活肤。

菠萝葡萄蜜

❀ 提振食欲＋促进消化

1 人份

- 热量 89.1千卡
- 蛋白质 0.7克
- 脂肪 0.2克
- 糖类 22.9克
- 膳食纤维 1.0克

■材料 *Ingredients*

菠萝…60克
葡萄…25克
蜂蜜…1大匙

■做法 *Method*

① 先将菠萝去皮切成块状，葡萄去皮与籽。
② 将葡萄与菠萝放入杯中，以沸水冲泡约5分钟，再加入蜂蜜拌匀，即可饮用。

葡萄与菠萝中的有机酸能有效提振食欲，促进肠道消化，维生素C能清洁肠道，并能舒缓疲劳，经常饮用能增强肠道的活力。紫色葡萄具有卓越的排毒功能，可帮助肝脏与胃肠清除废物与毒素，防止氧化作用发生。

蜂蜜葡萄露

❀ 润肺通肠＋改善便秘

1 人份

- 热量 487千卡
- 蛋白质 0.5克
- 脂肪 0.1克
- 糖类 129.1克
- 膳食纤维 1.0克

■材料 *Ingredients*

新鲜葡萄汁…400毫升
蜂蜜…100克

■做法 *Method*

① 将葡萄汁倒入锅中，以小火熬煮。
② 葡萄汁呈现浓稠状时，加入蜂蜜一起煮，煮沸后熄火，放凉即可食用。

葡萄中的膳食纤维能代谢肠道毒素，蜂蜜能增加肠道中的有益菌，使肠道蠕动代谢正常，每天早晚各饮用1次，能有效改善便秘症状。

富含能抗氧化的番茄红素

番茄 *Tomato*

- **性质：** 性微寒
- **适用者：** 普通人群、癌症患者、肥胖者
- **不适用者：** 脾胃虚寒者、痛经患者、急性胃肠炎患者

番茄保健功效

- 促进消化
- 改善便秘
- 预防肾脏病
- 预防心脏病
- 增强免疫力
- 改善高血压
- 美容养颜
- 改善肥胖

食疗效果

　　酸甜红艳的番茄，充满丰富的果胶与膳食纤维，自古就是排毒养生的极佳食材。果胶还能形成饱腹感，有助于抑制食欲，成为减肥期间最好的代餐食物。维生素C能促进肠道消化代谢，并帮助清洁肠道。钾元素可排除身体多余盐分，能预防高血压。独特的番茄红素被视为防癌新宠，具有卓越的抗氧化效果，能防护身体对抗癌细胞的侵袭。

主要营养成分	每100克中的含量
热量	26千卡
膳食纤维	1.2克
维生素C	21毫克
钾	210毫克
烟碱酸	0.6毫克

医师提醒您

① 气喘病患尽量少吃番茄，因为番茄属于寒性水果，容易诱发气喘发作，脾胃比较虚寒者要避免食用，以免引起胃肠不适。

② 番茄性湿而带毒，痛风、风湿骨痛、湿疹及其他类型皮肤病患者，应该要节制食用。

营养师小叮咛

① 番茄中的果胶，具有较高的收敛作用。若空腹吃太多番茄，果胶会与胃酸发生化学反应，在胃中形成难以溶解的硬块，比较容易导致胃肠胀痛症状。

② 番茄能产生饱腹感，其所含的碳水化合物只有苹果的1/2，所含的热量非常低，因此具有减肥功效。

排毒成分

膳食纤维 / 果胶 / 有机酸 / 维生素A / B族维生素 / 维生素C

主要营养素	促进肠道健康的作用
膳食纤维	◆ 软化粪便；排毒；消除便秘
果胶	◆ 防癌；整肠
有机酸	◆ 促进食欲；分解脂肪；帮助消化
维生素A	◆ 代谢高蛋白
B族维生素（维生素B_1、维生素B_2、维生素B_6）	◆ 加速肠道内的新陈代谢作用；增加肠道内有益菌数量
维生素C	◆ 防止食物在胃肠里形成亚硝胺致癌物质 ◆ 预防食道癌；预防胃癌

☼ 番茄的整肠排毒营养素

❶ 有机酸

番茄中的苹果酸与柠檬酸都属于有机酸类物质，有机酸能促进肠道分泌消化液，改善消化不良症状。有机酸也能有效分解多余脂肪，并促进肠道代谢。

丰富的有机酸能促使糖类代谢，分解体内疲劳物质，消除人体的倦怠感。

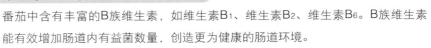

❷ 维生素B$_1$、维生素B$_2$、维生素B$_6$

番茄中含有丰富的B族维生素，如维生素B$_1$、维生素B$_2$、维生素B$_6$。B族维生素能有效增加肠道内有益菌数量，创造更为健康的肠道环境。

其中维生素B$_1$是代谢碳水化合物的高手，能促进消化作用顺畅进行。

❸ 矿物质

番茄中含有丰富的钾、钙、磷、铁等元素，能保持肠道酸碱平衡，并促使肠道的消化作用更为顺畅。矿物质还可以帮助肌肉和神经的运作、骨骼和牙齿的形成，而且有防癌、增强免疫系统的功能、维持体液平衡等作用。

❹ 胡萝卜素

番茄中的胡萝卜素能消除体内的污染，避免毒素感染肠道。胡萝卜素也有卓越的代谢效果，可避免高蛋白食物在肠道内加速腐败而形成有毒的胺物质，让肠道致癌的概率降低。

番茄这样吃效果最好

Good for you

✓ 番茄＋鸡蛋＝防止肠道老化

营养配对：番茄中含有丰富的维生素与矿物质，鸡蛋中则含有大量蛋白质，两者一起食用，能发挥滋润肠道的效果，防止肠道老化，使肠道保持年轻状态。

✓ 番茄＋豆腐＝滋补脾胃

营养配对：番茄中含有大量矿物质与微量元素，豆腐中也含有大量微量元素，两者一起食用，能满足人体对于微量元素的需求，同时也能滋补脾胃，并保持肠道的滋润与健康。

✓ 番茄＋猪肝＝增强体力

营养配对：番茄很适合与猪肝一起煮成汤，番茄中的番茄红素能保护心血管；猪肝中的铁能有效补血，改善贫血症状，有助于增强体力。

✓ 番茄＋土豆＝促进血液循环

营养配对：番茄与土豆一起烹调时，番茄与土豆中的钾元素能起协同增强作用，保持人体的酸碱平衡，有助于血液循环，提高人体的代谢能力。

番茄健肠料理

整肠效果分析

蜜汁番茄

❀ 护心强身＋润肠补胃

1 人份

- 热量 172.5千卡
- 蛋白质 2.7克
- 脂肪 0.6克
- 糖类 41克
- 膳食纤维 3.6克

■材料 Ingredients

番茄…2个
蜂蜜…2大匙

■做法 Method

① 番茄洗干净，切块。
② 番茄上淋上蜂蜜即可食用。

蜂蜜具有润肠通便的效果，番茄则有清洁肠道的功效，能促进消化，改善便秘症状。另外，番茄具有生津止渴、健胃消食的功效；经常吃蜂蜜，可以帮助老年人或体弱者补益五脏、抗衰延年，故餐桌上可经常上这一道蜂蜜番茄。

番茄豆腐洋葱沙拉

❀ 活血降压＋美容清肠

1 人份

■材料 Ingredients

番茄…2个　　洋葱…1个
豆腐…1.5块

- 热量 532.2千卡
- 蛋白质 21.9克
- 脂肪 21.7克
- 糖类 65.8克
- 膳食纤维 8.5克

■调味料 Sauce

橄榄油…2大匙
葡萄酒醋…2大匙

■做法 Method

① 番茄洗干净、去蒂、切成薄片。
② 豆腐洗干净，切成薄片。
③ 洋葱洗干净，切成细丝。
④ 将橄榄油与葡萄酒醋混合拌匀。
⑤ 在盘中一片番茄、一片豆腐地交错放置，上面铺满洋葱丝。
⑥ 把橄榄油醋酱汁淋上，即可食用。

整肠效果分析

番茄中的果胶能促进肠道代谢，豆腐的钙质与番茄中的钾可促进肠道酸碱平衡，橄榄油能帮助润肠通便，多吃这道沙拉还能美白养颜，使肌肤洁净光滑。

番茄丝瓜汁

❀ 帮助消化＋清热消肿

1 人份

- 热量 132.7千卡
- 蛋白质 3.5克
- 脂肪 0.8克
- 糖类 30.1克
- 膳食纤维 3.7克

■材料 *Ingredients*

番茄…250克
丝瓜…120克
蜂蜜…1大匙

■做法 *Method*

① 将番茄洗干净去蒂切块。
② 把丝瓜去皮切块，与番茄一起放入果汁机中打成果汁，并加入蜂蜜调匀即可饮用。

整肠效果分析

　　番茄中的果胶能清除肠道毒素，丰富的钾、钙、磷、铁等元素，能保持肠道酸碱平衡；丝瓜、蜂蜜能有效滋润肠道，多饮用番茄丝瓜汁，能改善排便不顺的问题。

番茄红枣粥

❀ 补血通便＋强肝补气

1 人份

- 热量 559.1千卡
- 蛋白质 11.5克
- 脂肪 1.0克
- 糖类 12.5克
- 膳食纤维 6.2克

■材料 *Ingredients*

番茄…200克
红枣…40克
糯米…100克
蜂蜜…1小匙

■做法 *Method*

① 将糯米清洗干净，浸泡水中约20分钟。
② 把番茄洗净切块，红枣洗净去核。
③ 将糯米与红枣一起放入锅中，加入适量清水熬煮成粥。
④ 等到糯米熟软时，放入番茄块，并淋上蜂蜜，再次煮沸后，即可熄火食用。

整肠效果分析

　　番茄中含有丰富的果胶，能发挥清肠功效，而红枣中含有铁与多种维生素，能滋补肠道，有助于增强肠道免疫力，而且这一道粥很适合有脾胃虚弱、气血不足、食欲不振、口燥咽干等症状的人。

天然排毒海味

紫菜 *Wakame*

- **性质**：性寒
- **适用者**：水肿患者、脚气病患者、甲状腺肿大患者、心血管疾病患者
- **不适用者**：胃肠虚弱者、腹部容易胀痛者

紫菜保健功效

- 促进消化
- 改善便秘
- 调整胃肠
- 预防胃溃疡
- 增强免疫力
- 降胆固醇
- 延缓衰老
- 缓解疲劳

食疗效果

属于黑色食物的紫菜，可说是来自大海的营养宝藏，其中含量惊人的膳食纤维能排除肠道毒素，改善便秘，预防大肠癌。紫菜中含有增强脑部活力健康的EPA与DHA，多吃能保持脑部健康，增强脑部记忆力，有助于延缓衰老。紫菜中有丰富的矿物质（如钙、磷、碘），多摄取可降低胆固醇。

主要营养成分	每100克中的含量
热量	207千卡
膳食纤维	21.6克
维生素E	1.82毫克
钾	1796毫克
钙	264毫克

医师提醒您

1. 紫菜中的膳食纤维含量高，具卓越的通肠效果，经常腹痛者与胃肠消化功能较差者，应该节制食用。
2. 紫菜的含碘量丰富，有助于清除人体内部肿块，在治疗甲状腺肿大方面很有助益。对于清除人体其他部位的郁结积块也有很好的功效。

营养师小叮咛

1. 紫菜中所含的甘露醇成分很丰富，具有一定的利尿作用，能辅助改善人体的水肿症状。
2. 紫菜属于生长在浅海岩礁的藻类植物，为了能有效清除海洋中的污染与毒素物质，调理时应该先将紫菜放在清水中浸泡，泡发后再更换一次清水。

排毒成分	寡糖／甘露醇／B族维生素／维生素U／钙、磷、铁、碘	
主要营养素	**促进肠道健康的作用**	
寡糖	◆ 调整胃肠；有利于有益菌繁殖；增强肠道免疫力	
甘露醇	◆ 利尿；治疗水肿	
维生素U	◆ 愈合胃部溃疡伤口	
B族维生素	◆ 帮助肠道蠕动；分解毒素 ◆ 代谢乳酸物质；滋润内脏器官	
钙、磷、铁、碘	◆ 促进肠道新陈代谢；促进肠道消化作用 ◆ 保持血液清透健康	

☀ 紫菜的整肠排毒营养素

❶ 碘

紫菜中的碘含量居菌藻类之冠。碘是维持人体运作必需的矿物质之一，能有效预防甲状腺肿大。碘也能有效促进新陈代谢，有助于保持血液循环，使血液酸碱中和，并使肠道的消化作用顺畅进行。

❷ 膳食纤维

紫菜中的膳食纤维含量相当惊人，一片紫菜中光是膳食纤维就占了1/5，能在肠道中吸收毒素，并有助于促进肠道蠕动，增加消化腺的分泌，加速食物在肠道中通过的速度。

❸ 维生素U

紫菜中含有丰富维生素U，是圆白菜的70倍，能有效促进溃疡伤口的愈合，具有预防胃溃疡的功效，并能改善十二指肠溃疡与胃溃疡症状。

紫菜这样吃最好!

✔ **与牡蛎一起烹调**	紫菜适合与牡蛎一起烹调成汤，牡蛎中丰富的矿物质与紫菜中的维生素、矿物质能滋补身体，可有效治疗慢性气管炎。
✔ **冲泡食用**	将紫菜、酱油与香油加入适量热水冲泡，在晚餐前半小时喝下，能发挥卓越的通便疗效，有助于缓解通便困难的症状，使排便更为顺畅。
✔ **直接煮成汤**	对于有便秘困扰的人，建议每天早晨起床时，空腹直接喝1～2碗紫菜汤。只需紫菜与清水一起烹调，无需添加过多调味料，即能发挥润肠通便的卓越效果。
✔ **与乌贼一起烹调**	将紫菜与乌贼一起烹调，乌贼含有丰富的锌元素与蛋白质，紫菜中含有大量B族维生素与铁，两者一起烹调食用，有助于强化体质，美化肌肤。

注意事项 紫菜不宜和十字花科蔬菜同煮

避免将紫菜与十字花科蔬菜（如花椰菜、大白菜、小白菜、圆白菜、萝卜、花菜、小油菜、芥蓝、芥菜、荠菜、山葵等）一起烹调食用。因为紫菜中含碘，而十字花科蔬菜中的硫氢酸盐会抑制人体对于碘的吸收，经常搭配食用，容易引发甲状腺功能失调。

紫菜健肠料理

紫菜芝麻饭

❀ 代谢脂肪＋促进排便

1
人份

- 热量 678.9千卡
- 蛋白质 39.5克
- 脂肪 42.6克
- 糖类 52.2克
- 膳食纤维 17.9克

■材料 *Ingredients*

紫菜…90克
黑芝麻…80克
米饭…适量

■做法 *Method*

① 将干紫菜剪成细丝状，黑芝麻研磨成细粉末。

② 把紫菜与黑芝麻粉混合之后，储存在瓶子里，每餐取2汤匙与米饭拌匀食用。

整肠效果分析

紫菜含有丰富的胡萝卜素、钙、钾、铁，能代谢肠道中的废物；芝麻则有丰富的膳食纤维和氨基酸，能促进肠胃运动，经常食用这道紫菜芝麻饭，有助于改善便秘症状。

紫菜沙拉

❀ 强健筋骨＋消脂防癌

1
人份

■材料 *Ingredients*

紫菜…10克
洋葱…1/4个

- 热量 142.5千卡
- 蛋白质 3.5克
- 脂肪 10.3克
- 糖类 10.9克
- 膳食纤维 2.5克

■调味料 *Sauce*

醋…10克　　酱油…少许
胡椒…10克　　盐…少许
橄榄油…10克

■做法 *Method*

① 将紫菜放在温开水中泡开，把洋葱切成薄片。

② 将紫菜与洋葱混合装盘，把所有调味料混合，淋在紫菜洋葱上即可食用。

整肠效果分析

紫菜中的碘能促进新陈代谢，有效洁净肠道，洋葱有净化血液与促进血液循环的疗效。多吃紫菜沙拉，能使肠道保持年轻，皮肤也会变得更加细腻。

芦笋紫菜卷

❀ 凉血排毒＋通便利肠

1 人份

■材料 *Ingredients*

紫菜…2大片
芦笋…4根
海苔松…2大匙
苜蓿芽…10克

- 热量 349.7千卡
- 蛋白质 12.7克
- 脂肪 25克
- 糖类 19.9克
- 膳食纤维 2.6克

■调味料 *Sauce*

沙拉酱…2大匙

■做法 *Method*

① 芦笋放进沸水中烫过，取出放凉。
② 将苜蓿芽清洗干净沥干。
③ 把紫菜摊开，放上芦笋、苜蓿芽、海苔松，并淋上沙拉酱。
④ 将所有材料卷好成条状，切成适当长度，即可食用。

整肠效果分析

　　苜蓿芽中丰富的矿物质，有很卓越的排毒功效，芦笋能有效清洁血液，紫菜富含B族维生素，有利于肠道内有益菌繁殖，维持肠道中菌群平衡，可促进肠道消化，多吃紫菜卷能保持肠道健康平衡。

紫菜豆腐汤

❀ 生津润燥＋调节代谢

1 人份

■材料 *Ingredients*

紫菜…1大片
豆腐…1块
芹菜…2根
胡萝卜…1/3根

- 热量 118.4千卡
- 蛋白质 10克
- 脂肪 3.8克
- 糖类 12克
- 膳食纤维 2.8克

■调味料 *Sauce*

醋…1大匙　　　盐…1小匙

■做法 *Method*

① 将豆腐洗干净后，切成小块。
② 胡萝卜去皮切块；芹菜洗净切段，紫菜撕成小片。
③ 把胡萝卜、豆腐放入锅中，加入适量清水，以大火烹煮。
④ 煮沸后加入适量盐调味，再加入芹菜段与紫菜以小火慢煮。
⑤ 再次煮沸后，加醋调味即可食用。

整肠效果分析

　　豆腐中的钙与紫菜中的丰富矿物质，有助于保持肠道的酸碱平衡，利于肠道的代谢消化。紫菜的膳食纤维，还能帮助肠道蠕动，改善便秘症状。

调节血液酸碱度

海带 *Kombu*

- **性质**：性寒
- **适用者**：甲状腺肿大患者、高血压患者、高脂血症患者、动脉硬化患者
- **不适用者**：脾胃虚寒者

海带保健功效

- 促进消化
- 调整胃肠
- 增强免疫力
- 美容养颜
- 改善便秘
- 预防胃溃疡
- 改善高血压
- 缓解疲劳

食疗效果

海带具有高蛋白、低脂肪、富含多种微量元素和维生素的优点。若每天食用100克海带，除可提供一定量的蛋白质外，还可以提供一个成人一天所需维生素C的67%。海带中的钙可有效调节血液的酸碱度，其中碘的高含量也是一般蔬菜所没有的。多吃海带，也能有效预防乳癌、子宫肌瘤、卵巢癌、子宫颈癌。

主要营养成分	每100克中的含量
热量	89千卡
膳食纤维	11.3克
维生素E	2.37毫克
钠	2511毫克
钙	201毫克

医师提醒您

1. 海带中含砷量较高，食用前应该将海带放入水中浸泡一晚，这样能有效防止砷中毒。

2. 要想充分吸收海带的营养素，不妨每天吃一小碗海带，长期持续食用，可以保持肠道的清洁健康，也可以帮助身体延缓老化。

营养师小叮咛

1. 海带属于寒性，胃肠功能较虚弱者应该节制食用。

2. 海带热量较低，又能增加饱腹感，有减肥需求的人，可以每天食用海带，不仅能有效控制食欲，还能帮助清除肠道宿便，并降低罹患大肠癌的风险。

排毒成分	寡糖／膳食纤维／维生素E／褐藻胶／钙、磷、碘
主要营养素	促进肠道健康的作用
寡糖	◆ 调整胃肠；有利于有益菌繁殖；增强肠道免疫力
膳食纤维	◆ 刺激肠胃蠕动；促进排便 ◆ 加速胆固醇代谢与排泄
维生素E	◆ 利尿、排毒
褐藻胶	◆ 减缓放射性元素被肠道吸收 ◆ 防止肠道受到金属毒物污染
钙、磷、碘	◆ 调整血液酸碱平衡；保持血液清洁；促进消化

海带的整肠排毒营养素

❶ 膳食纤维

海带含有非常丰富的膳食纤维，这种膳食纤维呈胶质状，可以在肠道中吸收毒素，并促进肠道的蠕动，增加消化腺的分泌，加速食物在肠道中通过的速度。海藻的膳食纤维能避免毒素与废物在肠道中停留，可减少便秘发生，并降低罹患大肠癌的风险。

❷ 褐藻胶

海带中含一种褐藻胶，可以在肠道内产生凝胶效应，将吸收进来的多余脂肪、糖分与脂肪酸包裹起来；也能有效吸附体内的各种毒素与放射性毒素，使这些有害物质不会被肠道吸收，并将多余营养与毒素随着粪便排出体外。海带中的胶质也能净化血液，并防止血糖上升，有效降低癌症的发生率。

❸ 碘

海带含有丰富的碘，是维持人体运作必需的矿物质之一。多食用海带，可有效预防甲状腺肿大。碘质也能有效促进新陈代谢，保持良好的血液循环，并使肠道的消化作用顺利进行。

海带这样吃效果最好

Good for you

✓ **海带＋豆腐＝肠道酸碱平衡**
营养配对：海带中的碘能促进通便，并使有害物质排出体外，与充满微量元素的豆腐一起烹调，能增强人体微量元素的吸收，使肠道保持酸碱平衡，更有利于肠道代谢。

✓ **海带＋白萝卜＝预防肿瘤**
营养配对：将海带与白萝卜一起烹调成汤，海带中的碘能预防乳腺癌发生，白萝卜中的吲哚类物质能抑制肿瘤生长；其中的木质纤维素能杀除坏死细胞，而膳食纤维能吸附肠道中的毒素，有助于提高人体的抗癌能力。

✓ **海带＋绿豆＝清除毒素**
营养配对：将海带与绿豆一起熬煮成粥或烹调成汤，海带中的碘与多种矿物质能帮助促进肠道代谢功能；绿豆中的钾能促进多余水分的排出，还有代谢毒素的功效。

✓ **海带＋薏米＝增强肠道蠕动**
营养配对：将海带与薏米一起熬煮成汤，海带中丰富的维生素B_1、维生素B_2与维生素B_6能与薏米中的B族维生素共同增强代谢作用，有利于促进人体肠道的代谢功能，帮助肠道蠕动，预防便秘，防止肠道病变。

海带健肠料理

整肠效果分析

　　绿豆中含有丰富的钾，具有利水解毒的功效，豆类的纤维能清洁肠道；海带的膳食纤维能增强肠道蠕动。多喝这道汤能预防便秘，预防肠道病变。

海带绿豆汤

❀ 高纤清肠＋解毒美肤

1人份

■ **材料** *Ingredients*

海带…15克
绿豆…15克
杏仁…6克

- 热量 77.5千卡
- 蛋白质 3.8克
- 脂肪 0.5克
- 糖类 14.9克
- 膳食纤维 2.2克

■ **调味料** *Sauce*

盐…少许

■ **做法** *Method*

① 将海带、杏仁与绿豆清洗干净，绿豆与海带分别浸泡在清水中10分钟左右。

② 把所有材料放入锅中，加入开水熬煮成汤后加入少许盐，即可直接食用。

酸辣海带

❀ 防癌降脂＋保健肠道

1人份

- 热量 85.4千卡
- 蛋白质 1.5克
- 脂肪 5.5克
- 糖类 8.5克
- 膳食纤维 4.7克

■ **材料** *Ingredients*

海带…80克　　芹菜…20克
胡萝卜…50克

■ **调味料** *Sauce*

辣椒…2根　　香油…1小匙
酱油…少许　　醋…少许

■ **做法** *Method*

① 海带清洗干净，切成大段。

② 胡萝卜去皮切成细丝，芹菜切成大段，辣椒切成细丝。

③ 海带放入沸水中烫过，取出沥干水分放凉备用。

④ 将所有调味料混合拌匀，把海带段、胡萝卜丝、芹菜段、辣椒丝放入拌匀，然后放入冰箱冰镇后即可食用。

整肠效果分析

　　海带中含有丰富胶质，能排除肠道中的金属毒素，胡萝卜含有丰富的膳食纤维与β-胡萝卜素，能增强肠道抵抗力，经常食用可增进肠道健康。

整肠效果分析

海带薏米粥可代谢肠道的毒素，能消除上火现象，并有助于强健脾胃，还有助于利水，消除水肿症状。薏米有改善骨质疏松及脚气病的功用。

海带薏米粥

❀ 强健肠胃＋排毒降火

1
人份

- 热量 96.5千卡
- 蛋白质 3.6克
- 脂肪 1.8克
- 糖类 16.3克
- 膳食纤维 1.0克

■材料 *Ingredients*

海带结…20克
薏米…25克

■做法 *Method*

1. 将海带结清洗干净后，放入锅中加入清水熬煮。
2. 煮沸后取出海带结与煮出来的海带汁，加入薏米一起熬煮成粥。

海带豆腐汤

❀ 促进代谢＋去脂降压

1
人份

- 热量 188.8千卡
- 蛋白质 17.6克
- 脂肪 7.0克
- 糖类 14.6克
- 膳食纤维 3.6克

■材料 *Ingredients*

豆腐…200克
海带…80克
姜丝…1克

■调味料 *Sauce*

盐…2克

■做法 *Method*

1. 将豆腐切块，并将海带切成宽条。
2. 在锅中放入清水，煮沸后，将海带放入锅中。
3. 把豆腐放入一起煮，约煮3分钟后加入姜丝与盐，即可食用。

整肠效果分析

海带中含有丰富的胶质，能排除肠道毒素；海带中又含有碘，能促进毒素的代谢，帮助新陈代谢稳定，促进肠道健康。

海中营养宝库

裙带菜 *Seaweed*

- **性质：** 性平
- **适用者：** 高血压患者、动脉硬化患者、肥胖患者、冠状动脉硬化患者
- **不适用者：** 胃肠虚寒者、容易腹泻者

裙带菜保健功效

- ●促进消化
- ●调整胃肠
- ●增强免疫力
- ●美容养颜
- ●改善便秘
- ●预防胃溃疡
- ●改善高血压
- ●缓解疲劳

食疗效果

裙带菜含有超过10种矿物质与18种氨基酸，被认为是来自海洋的营养宝藏。裙带菜含有很丰富的碘，能改善甲状腺肿大的症状，对于预防水肿也有很好的帮助。丰富的铁与矿物质能够预防贫血，黏液物质中含有褐藻胶，有助于清除肠道垃圾，帮助降低血胆固醇，预防高血压与动脉硬化。

主要营养成分	每100克中的含量
热量	119千卡
膳食纤维	40.6克
钠	4411毫克
镁	1022毫克
钙	947毫克

 医师提醒您

① 每天摄取100克的裙带菜，就能供应一位成年人每天所需维生素C的67%。

② 裙带菜所含的多糖及可以溶于水的海藻酸、马尾藻糖相当丰富。这几种成分进入人体后，会增加人体免疫力，也能提升抗癌的力量，可说是既美味又营养的健康食品。

 营养师小叮咛

① 裙带菜中的黏液成分容易溶解于水中，清洗时若不注意，很容易导致黏液的营养成分流失。

② 清洗干裙带菜时，最好连浸泡过的清水也一起用来烹调。

排毒成分	寡糖／维生素E／钙、磷／碘／褐藻胶	
主要营养素	**促进肠道健康的作用**	
寡糖	◆ 调整胃肠 ◆ 有利于有益菌繁殖 ◆ 增强肠道免疫力	
维生素E	◆ 利尿、排毒	
钙、磷	◆ 调整血液酸碱平衡	
碘	◆ 促进新陈代谢	
褐藻胶	◆ 减缓放射性元素被肠道吸收 ◆ 防止肠道受到金属毒物污染	

☀ 裙带菜的整肠排毒营养素

❶ 褐藻胶

裙带菜中含有褐藻胶，褐藻胶不溶于水，能在肠道内产生凝胶效应，吸附人体内多余的胆固醇及有害物质，吸附体内的各种毒素与放射性毒素，然后随着粪便排出体外，防止肠道受致癌物侵袭引发癌变，具有提高免疫力的功效。

❷ 膳食纤维

裙带菜中含有大量膳食纤维，会吸收水分，帮助排便，并刺激胃肠蠕动，缩短食物在大肠中滞留的时间，减少有害物质被人体吸收。裙带菜中的膳食纤维也能加速胆固醇的代谢，预防动脉硬化症状。

❸ 钙、铁、钠、镁、磷

裙带菜中含丰富的矿物质如钙、铁、钠、镁、磷，可帮助调整血液酸碱值，避免血液过酸，保持血液的清洁，防止心血管疾病的发生。

❹ 碘

裙带菜中所含的碘相当丰富，是维持人体运作必需的元素，用以制造甲状腺激素，有效预防甲状腺肿大，保持血液循环，并使肠道的消化作用顺畅进行。

☀ 如何聪明吃裙带菜

❶ 加入味噌汤烹调

味噌能增加肠道有益菌数量，加上富有黏性胶质纤维的裙带菜一起烹调，有助于肠道健康，发挥清肠的绝佳效果。

❷ 加入醋一起烹调

含有丰富碘与钙的裙带菜，很适合加入醋一起烹调，醋可以降低人体对于糖分的吸收，以调整人体的血糖。

❸ 与青色鱼类一起烹调

青色的深海鱼类含有多种不饱和脂肪酸，能防止血管阻塞；与含有丰富矿物质的裙带菜一起烹调成汤，有助于降低血压，并保护心血管的健康。

裙带菜健肠料理

整肠效果分析

　　黄豆与裙带菜中都含有丰富的膳食纤维，能帮助润肠通便，并改善肠道消化不良的症状。尤其裙带菜中丰富的矿物质，能帮助调整血液的酸碱值，保持血液的清洁，防止心血管疾病的发生。

高纤黄豆裙带菜

❀ 排毒降压＋润肠利便

1 人份

- 热量 972.8千卡
- 蛋白质 90.3克
- 脂肪 37.9克
- 糖类 84.4克
- 膳食纤维 41.9克

■ **材料** *Ingredients*

裙带菜…80克
黄豆…250克

■ **调味料** *Sauce*

盐…10克

■ **做法** *Method*

① 将裙带菜与黄豆清洗干净，放入锅中加入清水煮熟。
② 把煮熟的裙带菜与黄豆沥干水分，加入盐调味，放凉后即可当作开胃菜食用。

裙带菜萝卜汤

❀ 消除胀气＋清热整肠

1 人份

- 热量 51.6千卡
- 蛋白质 2.0克
- 脂肪 0.5克
- 糖类 11.0克
- 膳食纤维 4.4克

■ **材料** *Ingredients*

裙带菜…60克
白萝卜…200克

■ **调味料** *Sauce*

盐…1克

■ **做法** *Method*

① 将白萝卜去皮切块，裙带菜洗干净切成条状。
② 在锅中放入清水，将白萝卜与裙带菜放入一起煮，煮至白萝卜软化后，加入盐调味，即可食用。

整肠效果分析

　　裙带菜萝卜汤含有丰富的膳食纤维，具有消除腹部胀气的功能，也能调整肠道健康，改善肠道消化不良症状，缩短食物在大肠中滞留的时间，减少有害物质被人体吸收。

裙带菜醋拌饭

❀ 高纤排毒＋乌发通便

1 人份

■材料 *Ingredients*

裙带菜…80克
糙米饭…2碗
黑芝麻…少许

- 热量 459.7千卡
- 蛋白质 8.9克
- 脂肪 10.6克
- 糖类 81.7克
- 膳食纤维 5.3克

■调味料 *Sauce*

蒜泥…1小匙
白醋…2小匙
糖…1小匙
香油…1小匙

整肠效果分析

　　裙带菜中的胶质成分加上糙米中的膳食粗纤维，能促进肠道蠕动，有效排解肠道毒素；黑芝麻则能帮助滋润肠道，经常食用能有效改善便秘症状。

■做法 *Method*

① 将裙带菜放入沸水中烫过，然后取出放凉。
② 把所有调味料混合，拌入热糙米饭中混合均匀。
③ 加入裙带菜混合拌匀。

海菜炒什锦

❀ 利脾润肠＋明目健身

1 人份

■材料 *Ingredients*

裙带菜…100克
胡萝卜…60克
葱…1根
金针菇…50克

- 热量 94千卡
- 蛋白质 2.5克
- 脂肪 0.8克
- 糖类 17克
- 膳食纤维 6.0克

■调味料 *Sauce*

料酒…2小匙　　酱油…1小匙
糖…1小匙　　　盐…1小匙

■做法 *Method*

① 胡萝卜去皮切丝，裙带菜洗净切条状。
② 将葱与金针菇洗干净，切段。
③ 在锅中放油加热，放入胡萝卜丝与葱段，加入料酒与酱油一起拌炒。
④ 胡萝卜丝炒软时，加入裙带菜与金针菇一起拌炒，再放入糖与盐翻炒后，即可起锅。

整肠效果分析

　　裙带菜与胡萝卜含有丰富的膳食纤维，裙带菜的胶质能清除肠道垃圾，胡萝卜与金针菇能代谢肠道中的金属污染物，多吃这道菜有助于保持肠道环境健康。

排毒清肠黑色食物

黑木耳 *Jew's Ear Fungus*

- **性质：** 性平
- **适用者：** 便秘患者、癌症患者、贫血者
- **不适用者：** 腹泻者、身体出血者、气虚者、过敏人群

黑木耳保健功效

- 促进消化
- 滋润肌肤
- 增强免疫力
- 强化骨骼
- 改善便秘
- 保护肝脏
- 改善高血压
- 预防贫血

食疗效果

黑色食物通常具有较卓越的排毒功效，黑木耳就是非常卓越的清肠食物之一。风干的黑木耳浸泡在水中后，会逐渐膨胀，能为肠道带来更多水分。

黑木耳因为含有丰富的植物胶质，因此具有卓越的吸附力，能吸附残留在消化系统内的废物毒素，并有效排出体外，具有清洁肠道的卓越疗效。胶质也能有效清洁血液，清除体内的污物。

主要营养成分	每100克中的含量
热量	21千卡
膳食纤维	33.4克
维生素C	5毫克
维生素E	11.34毫克
钾	773毫克

医师提醒您

1. 黑木耳具有良好的活血效果，对于正在怀孕的女性来说，最好避免多吃。黑木耳食用过多时，将不利于胚胎的稳固与生长，甚至有导致流产的危险。
2. 黑木耳有抗凝血的作用，在进行开刀手术之前的病人，要避免食用。

营养师小叮咛

1. 泡发黑木耳时，应该避免使用热开水浸泡，由于高温会使黑木耳的细胞破裂，无法发挥吸收水分的效果，也很容易导致黑木耳本身的质地变得软烂。
2. 建议使用凉水来浸泡黑木耳，以保持黑木耳的质地与口感。

排毒成分

膳食纤维 / 胶质 / 维生素C / 维生素E / 卵磷脂

主要营养素	促进肠道健康的作用
膳食纤维	◆ 软化粪便；排毒；缓解便秘
胶质	◆ 吸附消化系统中的毒素与废物 ◆ 清洁肠道
维生素C	◆ 清洁肠道；促进消化；增强代谢作用
维生素E	◆ 让肠道蠕动活跃 ◆ 抑制肠道致癌物的形成
卵磷脂	◆ 有效清洁血液

☀ 黑木耳的整肠排毒营养素

❶ 胶质

黑木耳中因为含有一种胶质，使黑木耳能发挥清除肠道毒素的功效。胶质具有很强大的吸附能力，能吸附堆积在肠壁上的毒素废物并排出体外，因此能防止毒素在肠道中被消化吸收，也能防止食物残渣在肠道中腐化。

❷ 膳食纤维

黑木耳中含有大量膳食纤维，能促进肠道进行新陈代谢，有助于刺激肠道蠕动，并将肠道中的毒素排出体外，对于经常久坐不动的上班族，可预防便秘与痔疮。

❸ 卵磷脂

黑木耳中丰富的卵磷脂能有效清洁血液，保持血液的清澈。卵磷脂能使血管中的胆固醇形成乳化物质后排出体外，防止胆固醇在血管内堆积，有效防止血液黏稠，对于防治心血管疾病有莫大的帮助。

黑木耳这样吃最好!

✔ 冲泡茶饮	将黑木耳和黑芝麻加在一起，直接冲泡茶饮，可有效促进黑木耳胶质的排毒作用与黑芝麻的润肠效果。
✔ 与洋葱一起烹调	具有代谢毒素作用的黑木耳与烫过的洋葱一起凉拌，能同时发挥抗氧化的效果，提高肠道的免疫力，防止致癌物侵袭肠道健康。
✔ 炖汤	用黑木耳炖汤，有润肠与滋阴的功效；若黑木耳与冰糖一起炖煮，能有效滋补身体，发挥补气与排毒的功效。
✔ 煮粥	将煮好的粥中放入黑木耳一起煮，木耳粥能滋补身体，同时能有效排除肠道毒素，增强肠道的免疫力。
✔ 与豆腐同煮	具有滋补肠胃作用的黑木耳与含有大量微量元素的豆腐一起煮，可有效降低血压，防止血管阻塞。

注意事项 **过敏人群不宜吃新鲜木耳**

新鲜的黑木耳含有光敏物质，食用后经过阳光曝晒，会引发过敏症状。过敏人群宜选择干燥的黑木耳，因为干燥黑木耳已经过曝晒，泡水后可去除大部分的过敏物质，因此可以放心食用。

黑木耳健肠料理

整肠效果分析

　　黑木耳具有清除肠道毒素的功效，能有效润肠，并有助于降低血液的黏稠度；胡萝卜中的胡萝卜素能增强肠道免疫力；多吃什锦黑木耳能有效改善便秘症状。

什锦黑木耳

❀ 清肺润肠＋补气益智

■**材料** *Ingredients*

1人份

香菇…2朵
干黑木耳…3朵
胡萝卜…25克
白菜…80克

- 热量 23.6千卡
- 蛋白质 1.3克
- 脂肪 0.4克
- 糖类 1.4克
- 膳食纤维 2.6克

■**调味料** *Sauce*

盐…适量

■**做法** *Method*

1 将香菇与黑木耳泡软并切丝。
2 把胡萝卜与白菜洗干净，分别切成细丝。
3 在锅中加入油烧热，放入所有材料以大火快速翻炒，然后加入适量的盐拌炒熟透后，即可起锅。

辣炒蔬菜丝

❀ 预防痔疮＋净化肠道

1人份

- 热量 88.5千卡
- 蛋白质 1.5克
- 脂肪 5.5克
- 糖类 9.5克
- 膳食纤维 3.8克

■**材料** *Ingredients*

海带…60克　　香菇…4朵
干黑木耳…4朵　姜…少许
洋葱…1/4个　　辣椒…少许

■**调味料** *Sauce*

盐…适量

■**做法** *Method*

1 将海带与黑木耳泡软。
2 把黑木耳、海带、香菇、洋葱与姜、辣椒洗干净，分别切成细丝。
3 在锅中加入油烧热，放入所有材料以大火快速翻炒，然后加入适量的盐拌炒，即可起锅。

整肠效果分析

　　这道辣炒蔬菜丝可以帮助强健胃肠，还具有活血通便的作用，能帮助净化肠道，使肠道保持健康，并有助于降低血液的黏稠度，预防心血管疾病的发生。

木耳苦瓜汤

❀ 补肾健脾＋促进食欲

1 人份

- 热量 230.1千卡
- 蛋白质 19.6克
- 脂肪 8.0克
- 糖类 24.4克
- 膳食纤维 12.1克

■材料 *Ingredients*

苦瓜… 1 根
干黑木耳… 3 朵
黄豆…150克

■调味料 *Sauce*

盐…1克

■做法 *Method*

1. 将苦瓜洗干净，去籽切块；黄豆洗干净备用；黑木耳洗干净切块。
2. 在锅中放入清水煮沸，所有材料放入以大火烧煮。煮沸后以小火慢煮1小时，最后加盐调味即可。

整肠效果分析

　　苦瓜具有清热解毒的功效，能帮助肠道清除毒素；黑木耳中的胶质也能吸附肠道中的毒物，两者一起食用，有调整肠道功能，可缓解便秘症状。

鲜炒三蔬

❀ 养颜美肤＋预防便秘

1 人份

- 热量 175.8千卡
- 蛋白质 2.0克
- 脂肪 15.6克
- 糖类 8.2克
- 膳食纤维 3.7克

■材料 *Ingredients*

菠菜… 1 把　　姜末…3克
干黑木耳…3朵　胡萝卜…80克

■调味料 *Sauce*

醋…2大匙　　　酱油…2大匙
香油…1大匙

■做法 *Method*

1. 菠菜去掉根部再切段，将黑木耳泡软洗净切片状。胡萝卜洗净去皮切丝。
2. 在锅中放入清水煮沸，将所有材料放入水中烫过，取出放凉备用。
3. 锅中放油加热，将菠菜、黑木耳及胡萝卜放进去，以大火快炒，加入所有调味料拌炒后，即可盛盘食用。

整肠效果分析

　　菠菜具有很卓越的通便效果；黑木耳则有清洁肠道的作用；胡萝卜中的胡萝卜素能增强肠道免疫力；多吃这道菜能保护肠道健康。

防癌明星食物

香菇 *Shiitake Mushroom*

- **性质：** 性平
- **适用者：** 糖尿病、高血压患者、便秘者
  高脂血症、动脉硬化症患者
- **不适用者：** 胃肠虚寒者、肾脏病患者、痛
  风患者

香菇保健功效

- 促进消化
- 调整胃肠
- 增强免疫力
- 改善便秘
- 降胆固醇
- 改善高血压

食疗效果

属于黑色食物的香菇含有丰富的膳食纤维，是极为卓越的清肠食物。多食用香菇，能有效改善便秘症状，还能预防大肠癌发生。香菇中的钾能降低血压，有效维持身体酸碱平衡，而其所含的丰富维生素D也能促进人体对钙的吸收。香菇中独特的嘌呤物质有助于降低血胆固醇，多糖则能增强人体免疫力，预防癌症发生。

主要营养成分	每100克中的含量
热量	19千卡
膳食纤维	3.5克
维生素B$_2$	1.26毫克
镁	104毫克
钙	83毫克

医师提醒您

1. 香菇中含有较多嘌呤，生病后、产后或发痘后的病人应该尽量减少食用。胃肠虚弱或消化不良的人，也应该尽量减少食用香菇。

2. 香菇能有效清除肝脏中的毒素，有效保护肝脏，对于经常加班的上班族，不妨多吃香菇。

营养师小叮咛

1. 香菇中的葡聚糖很容易因为冲洗或浸泡而流失，因此要避免冲洗太久。若直接放在温开水中浸泡，并连香菇水一起食用是最佳的方法。

2. 香菇不耐高温，烹调时要尽量避免高温烹调，同时要减少水流浸泡或漂洗的次数与时间，以确保葡聚糖能保留下来。

排毒成分

膳食纤维／胶质／多糖／维生素C／维生素B$_2$

主要营养素	促进肠道健康的作用
膳食纤维	◆ 软化粪便；排毒；消除便秘
胶质	◆ 吸附消化系统中的毒素与废物；清洁肠道
多糖	◆ 清除自由基 ◆ 提高人体免疫力
维生素C	◆ 清洁肠道；增强肠道抵抗力；促进消化
维生素B$_2$	◆ 促进脂肪代谢；增进肠道有益菌数量 ◆ 帮助清除肠道毒素

香菇的整肠排毒营养素

❶ 葡聚糖

香菇中含有葡聚糖成分，葡聚糖是一种多糖，能有效增强人体的免疫能力，并且有卓越的抗病毒效果。

葡聚糖能增强肠道免疫力，抑制癌细胞发挥作用，同时也能帮助身体组织复原与修复。此外葡聚糖还有降低血中胆固醇的功效。

❷ 香菇嘌呤

香菇中的嘌呤物质，能有效促进肝脏中的胆固醇代谢，降低血液中的胆固醇，每天吃2朵香菇，有助于降低血中胆固醇。

❸ 生物碱

香菇中含有生物碱，能降低血胆固醇，有效预防动脉硬化。

❹ 香菇素

香菇素是一种黑色物质，有助于加强人体的新陈代谢，促进肠道毒素与废物的排泄，防止肠道发生病变，有效保护肠道健康。

香菇这样吃最好!

✔	香菇汁	香菇中的嘌呤容易溶解在水中，多饮用香菇水就能有效摄取丰富的香菇嘌呤，降低血中胆固醇。建议将干香菇放在锅中，泡入一杯开水，然后放入冰箱中存放一晚，第二天再取出饮用。由于长时间的浸泡会使嘌呤溶解出来，直接饮用香菇汁，就能促进血胆固醇值的降低。
✔	香菇茶	经常将香菇冲泡热水当作茶饮来饮用，其中的生物活性物质能有效提高人体免疫力，发挥保健的效果。
✔	蔬菜拌炒	将香菇与叶类蔬菜或金针菇一起拌炒，能有效强健脾胃，也能清除肠道毒素。
✔	煲　汤	将香菇与肉类一起炖煮成汤，能充分摄取香菇溶解在汤汁中的各种维生素与矿物质，可增强人体免疫力，提高肠道的抗病能力。

(注)(意)(事)(项) **肾脏病、痛风患者不宜吃香菇**

香菇中的嘌呤成分较高，对于有肾脏病或痛风患者的健康不利，食用香菇很容易在体内产生大量尿酸，且容易导致肾脏排毒功能出现异常，因此这两类患者，尽量不要通过食用香菇来帮助清肠。

香菇免疫茶

❀ 提高免疫力＋防止肠道病变

1 人份

- 热量 1.6千卡
- 蛋白质 0.1克
- 脂肪 0克
- 糖类 0.3克
- 膳食纤维 0.2克

■材料 *Ingredients*

香菇…2朵

■做法 *Method*

❶ 将香菇泡在水中一晚。

❷ 直接饮用香菇的浸泡汁即可。

整肠效果分析

　　香菇中的香菇嘌呤成分，能抑制血液中的胆固醇含量，同时香菇中的膳食纤维也能促进代谢与消化的功能，防止肠道病变，预防心血管疾病。香菇内含多糖，食用后可提高免疫力，有助于预防癌症的发生。

香菇瘦肉粥

1 人份

❀ 滋润肠道＋调节代谢

- 热量 378.9千卡
- 蛋白质 17.9克
- 脂肪 2.3克
- 糖类 70.5克
- 膳食纤维 0.7克

■材料 *Ingredients*

香菇…3朵　　米…90克
猪瘦肉…50克　香菜…2克

■调味料 *Sauce*

酱油…少许　　淀粉…1小匙
盐…1小匙

■做法 *Method*

❶ 将香菇泡在水中一晚，去蒂切片备用。

❷ 瘦肉洗净切片，加入适量淀粉与酱油腌10分钟。

❸ 大米清洗干净，放入锅中加入适量清水，以大火烧煮。煮沸后改成小火慢煮，并放入香菇一起熬煮。

❹ 再次煮沸时，放入瘦肉，并加盐略煮5分钟。

❺ 加入切碎的香菜，即可起锅。

整肠效果分析

　　香菇所含的丰富膳食纤维能保持肠道通畅，有助于代谢肠道毒素；其所含的香菇素能促进肠道新陈代谢，因此这道香菇瘦肉粥能发挥滋润肠道的食疗效果。

整肠效果分析

香菇中丰富的香菇素能代谢肠道毒素，胡萝卜所含的胡萝卜素能增强肠道免疫力，芹菜中的粗纤维能促进肠道蠕动，因此素炒三珍能改善肠道环境，保持肠道清洁。

素炒三珍

❀ 排毒防癌＋促进肠道蠕动

1 人份

■材料 *Ingredients*

香菇…2朵
西芹…2段
胡萝卜…60克

- 热量 114.3千卡
- 蛋白质 0.9克
- 脂肪 10.3克
- 糖类 5.3克
- 膳食纤维 1.9克

■调味料 *Sauce*

醋…1小匙
酱油…2小匙　香油…2小匙

■做法 *Method*

1. 将香菇泡在水中一晚，切成数瓣。
2. 胡萝卜去皮切片，西芹切薄片。
3. 在锅中放油烧热，放入西芹与胡萝卜快炒，加入酱油与醋拌炒。
4. 加入香菇一起拌炒，炒熟后加入香油炒匀，即可起锅。

竹笋烩香菇

❀ 利尿通便＋高纤润肠

1 人份

- 热量 130.4千卡
- 蛋白质 3.4克
- 脂肪 0.3克
- 糖类 24.3克
- 膳食纤维 2.7克

■材料 *Ingredients*

香菇…5朵　　葱段…10克
竹笋…100克　高汤…400毫升

■调味料 *Sauce*

酱油…2小匙　蚝油…1大匙
冰糖…1大匙　料酒…1大匙

■做法 *Method*

1. 将香菇泡在水中一晚，去蒂切成大块。
2. 竹笋去皮切成大块。
3. 锅中加油烧热，放入葱段爆香，再加入香菇与竹笋，以大火拌炒。
4. 加入高汤与调味料，改成小火焖煮，等到汤汁慢慢收干时，即可起锅。

整肠效果分析

竹笋中含有大量膳食纤维，有润肠通便的功效。香菇能代谢肠道毒素，也能保持肠道健康。所含的膳食纤维可让营养缓慢地被吸收，以减少胰岛素的需求，进而改善糖尿病症状。

预防便秘的减肥圣品

蘑菇 *Mushroom*

- **性质：** 性平
- **适用者：** 普通人群
- **不适用者：** 胃肠病患者、痛风患者 尿酸过高者

蘑菇保健功效

- 促进消化
- 改善便秘
- 改善肥胖
- 预防骨质疏松
- 增强免疫力
- 调整血压
- 美容养颜
- 补充体力

食疗效果

蘑菇是增强人体免疫力的优质食物，含丰富的膳食纤维，能发挥整肠通便的效果，有助于排除肠道的废物与毒素。

蘑菇中的多糖能有效防癌，提升肠道免疫力；蛋白质能补充体力，钙可预防骨质疏松，B族维生素能促进肠道代谢，并有助于促进肠道生态平衡。蘑菇也能抑制血糖升高，并防止动脉硬化。

主要营养成分	每100克中的含量
热量	20千卡
膳食纤维	2.9克
维生素D	17微克
多糖	4.45毫克
钙	0.73毫克

医师提醒您

1. 蘑菇中的蛋白质含量是所有菇类之冠，所含的酪氨酸酶可降低高血压，多糖可抗肿瘤，对健康很有帮助。
2. 蘑菇的含钾量高，肾脏病患者应减少食用，以免增加肾脏负担；且蘑菇属于高蛋白食物，容易加重肾脏结石症状，肾结石患者应该限制食用。

营养师小叮咛

1. 蘑菇是在腐败的稻草中进行栽培，因此在烹调前应该清洗干净，最好放入温水中浸泡，但要避免浸泡时间过久。
2. 蘑菇的保存期限较短，最好三天内就将买回来的蘑菇烹调吃完，避免久放而受潮发霉。

排毒成分

寡糖 / 维生素E / 钙 / 膳食纤维 / 维生素B₁

主要营养素	促进肠道健康的作用
寡糖	◆ 调整胃肠；有利于有益菌繁殖；增强肠道免疫力
维生素E	◆ 利尿、排毒；促进肠道蠕动 ◆ 抑制肠道致癌物的形成
钙	◆ 促进肠道消化代谢；保持肠道酸碱平衡
膳食纤维	◆ 软化粪便；排毒；消除便秘
维生素B₁	◆ 促进脂肪代谢；增进肠道有益菌数量 ◆ 帮助清除肠道毒素

☀ 蘑菇的整肠排毒营养素

❶ 多糖

蘑菇中含有多糖，能有效防止癌细胞生长，并增强巨噬细胞的吞噬力，防止消化道发生癌变，帮助人体发挥防癌功效。

❷ 亚油酸

蘑菇含有丰富的亚油酸，能有效降低血液中的血胆固醇含量；亚油酸也能有效抑制肠道中的有害菌，预防大肠癌的发生。

❸ 寡糖

蘑菇中的寡糖具有促进有益菌生长的优点，能促进胃肠蠕动，有助于消化作用进行，抑制肠道吸收胆固醇，有效预防大肠癌。寡糖不会被人体吸收，因此不会发胖，具有整肠与美容的功效。

❹ 维生素B$_1$

维生素B$_1$能在肠道内创造有益菌的数量，有利于增进肠道环境的健康。维生素B$_1$也是代谢碳水化合物的高手，使消化作用在肠道中顺畅进行，发挥解毒功效。维生素B$_1$更能抑制细菌在肠道中活跃，有助于维持与改善胃肠的健康，并利于排便。此外，蘑菇中的B族维生素也能提高人体的免疫功能。

❺ 膳食纤维

蘑菇含有丰富的膳食纤维，能增加粪便量，让粪便不会太硬而容易排出，以代谢肠道中的毒素废物，使肠道保持清洁健康。

蘑菇 这样吃最好!

✔	与糙米一起烹调	糙米中含有丰富的B族维生素，蘑菇中也含有维生素B$_1$、维生素B$_2$，两者一起烹调，能强化人体对于B族维生素的吸收，有助于促进肠道代谢，使肠道更健康。
✔	直接煮汤	将蘑菇直接煮成汤是很健康的烹调方式。蘑菇经过烹调后会散发浓郁的香气，其中有多种矿物质与营养成分也会溶解在汤中。蘑菇的热量很低，所含的氨基酸、核酸成分能增添汤的鲜美风味，无须使用肉类高汤烹调，而且可减少盐分的使用量，是天然的鲜美高汤。
✔	炖　汤	蘑菇中含有多种能增强免疫力的营养物质，很适合与胡萝卜一起炖煮。其中所含的胡萝卜素能发挥抗氧化效果，而多糖能增强细胞免疫力，两者一起食用，能强化身体的免疫力。

蘑菇健肠料理

整肠效果分析

蘑菇中含有丰富的膳食纤维，能有效增进肠道中有益菌数量，有助于改善肠道健康。土豆中的膳食纤维也很丰富，两者一起食用能保持肠道的健康与清洁。

蘑菇葱烧土豆

❁ 消痔健肠＋预防便秘

1 人份

- 热量 129.6千卡
- 蛋白质 9.0克
- 脂肪 1.0克
- 糖类 23.3克
- 膳食纤维 4.7克

■**材料** *Ingredients*

蘑菇…180克
土豆…100克
葱段…5克

■**调味料** *Sauce*

酱油…1大匙

■**做法** *Method*

① 将土豆去皮切成小块，蘑菇清洗干净后切片。
② 把蘑菇与土豆放入锅中快炒，加入葱段与酱油，焖烧5分钟后即可起锅。

松子蘑菇

❁ 整肠助消化＋防癌降血压

1 人份

- 热量 423.6千卡
- 蛋白质 20.6克
- 脂肪 29.8克
- 糖类 23.7克
- 膳食纤维 9.2克

■**材料** *Ingredients*

蘑菇…400克
松子…40克　　葱段…5克
姜末…4克　　无油高汤…1碗

■**调味料** *Sauce*

料酒…1大匙　　糖…1小匙
盐…适量

■**做法** *Method*

① 将蘑菇清洗干净，对切。
② 在锅中加入油烧热，放入葱段、姜末爆炒，再放入松子拌炒。
③ 加入高汤，与料酒、糖、盐一起煮开。
④ 将蘑菇放入高汤中，以小火煮15分钟后即可起锅。

整肠效果分析

蘑菇与松子都含有丰富的膳食纤维，具有整肠与促进消化的功效，同时都含有丰富的亚油酸，能充分滋润肠道，防止肠道发生癌变，增强肠道的免疫力。

整肠效果分析

　　蘑菇、芹菜都含有丰富膳食纤维，能促进肠道蠕动，帮助消化，使排泄更为顺畅。橄榄油与芝麻酱具有滋润肠道的效果，能缓解肠道干燥引起的便秘症状。

香芹拌蘑菇

❀ 高纤瘦身＋润肠通便

1 人份

■材料 *Ingredients*

西芹…15克
豆腐…1块
蘑菇…120克

- ● 热量 218.8千卡
- ● 蛋白质 16克
- ● 脂肪 11.8克
- ● 糖类 14.2克
- ● 膳食纤维 4.8克

■调味料 *Sauce*

橄榄油…1大匙
芝麻酱…1大匙　　盐…1小匙

■做法 *Method*

① 将蘑菇清洗干净，在沸水中烫过，取出切片。
② 豆腐用热水烫过，取出切大块。西芹放在热水中烫过，取出切段。
③ 将豆腐、蘑菇与西芹放入盘中，把所有调味料混合均匀淋在材料上，即可食用。

蘑菇炒双椒

❀ 增强体力＋健肠润肤

1 人份

■材料 *Ingredients*

青椒…1/4个
红椒…1/4个
洋葱…1/3个
蘑菇…200克
无油高汤…1碗

- ● 热量 122.4千卡
- ● 蛋白质 8.2克
- ● 脂肪 1.2克
- ● 糖类 17.6克
- ● 膳食纤维 6.0克

■调味料 *Sauce*

料酒…1大匙　　　　盐…1小匙

■做法 *Method*

① 蘑菇清洗干净，切片。
② 青椒与红椒清洗干净，切大片；洋葱去皮切成大块。
③ 在锅中加入油烧热，放入洋葱、青椒与红椒拌炒。
④ 放蘑菇一起炒，加入料酒略炒，最后再加盐调味，即可起锅。

整肠效果分析

　　蘑菇中含有丰富的膳食纤维，热量又很低，能带给胃肠饱腹感。与青椒、红椒一起烹调，丰富的维生素与矿物质能促进消化，帮助胃肠蠕动，改善便秘。

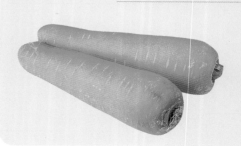

促进血液循环

胡萝卜 *Carrot*

- **性质：** 性平
- **适用者：** 体质虚弱者、近视者、幼童、普通人群
- **不适用者：** 饮酒的人

胡萝卜保健功效

- 促进消化
- 改善便秘
- 预防高血压
- 促进血液循环
- 增强免疫力
- 保护视力
- 抗衰老
- 美容养颜

食疗效果

胡萝卜是卓越的排毒食物，含有丰富的维生素与上百种矿物质、膳食纤维，为兼具滋补与排毒疗效的优良食物。胡萝卜中含有的大量果胶与膳食纤维，是改善胃肠消化功能的重要营养物质。每天吃点胡萝卜，有助于刺激胃肠的血液循环，改善消化不良，并舒缓便秘症状。胡萝卜中丰富的维生素A与维生素E，能改善因为肠道毒素而造成的皮肤粗糙状况。

主要营养成分	每100克中的含量
热量	38千卡
膳食纤维	2.6克
维生素A	10毫克
维生素C	4毫克
木质素	8克

医师提醒您

1. 对于肠道不畅通所引起的皮肤粗糙，最好多吃些胡萝卜来改善肠道健康。
2. 维生素A与E能有效滋润修护受损的表皮细胞、增强皮肤的柔软性，还有滋润皮肤的效果，可以使皮肤恢复光滑。

营养师小叮咛

1. 食用胡萝卜时尽量不要去皮，因为胡萝卜的外皮含有丰富的胡萝卜素，连皮一起食用，更能发挥排毒效果。
2. 烹调胡萝卜时建议加入油脂一起拌炒，因为胡萝卜素属于脂溶性维生素，若与油脂一起烹调，能提高人体吸收胡萝卜素的效率。

排毒成分

木质素 / 果胶 / 胡萝卜素 / 维生素A / 维生素C

主要营养素	促进肠道健康的作用
木质素	◆ 软化粪便；增强免疫力；预防癌症
果胶	◆ 促进肠胃血液循环 ◆ 改善消化不良
胡萝卜素	◆ 排除汞离子；提高肠道免疫力
维生素A	◆ 代谢肠道高蛋白物质；代谢肠道中的污染物 ◆ 防止肠道受致癌物质侵袭
维生素C	◆ 清洁肠道；促进消化；增强代谢作用

胡萝卜的整肠排毒营养素

❶ 果胶

胡萝卜中的果胶能帮助肠道解毒。果胶在进入肠道时，能有效吸收铅、汞、锰等毒素物质，并加速有毒物质排出肠道，防止毒素感染肠道。

❷ 胡萝卜素

胡萝卜素具有增强肠道免疫力的疗效，防止肠道出现癌变。胡萝卜素能有效增加人体的维生素与果胶含量，同时又能充分与维生素、果胶结合，降低血液中的汞离子浓度，加速汞离子排出体外。

❸ 木质素

胡萝卜中含有大量木质素，这种高纤维的营养成分能增强人体的免疫力，有助于预防癌症。

❹ 维生素A

胡萝卜中的维生素A，能消除体内的金属污染，避免毒素进入肠道。维生素A能代谢高蛋白食物，避免高蛋白食物在肠道内进行腐败作用而形成胺物质，减少肠道致癌的机会。

如何聪明吃胡萝卜

❶ 打成果汁饮用

将胡萝卜打成果汁饮用，是摄取胡萝卜营养的最好方法。制作胡萝卜汁时，要保留全部的纤维质，随着果汁一起饮用，才能摄取最丰富的果胶与纤维质。

❷ 与苹果打成汁

胡萝卜中加入苹果一起打成果汁，能增强维生素C与膳食纤维的吸收率，促进排便，有效消除便秘症状。

❸ 味噌腌渍

使用味噌腌渍胡萝卜，能使胡萝卜吸收味噌里的B族维生素，防止胡萝卜在烹调过程中流失营养素，并能促进B族维生素被人体吸收，有效促进肠道健康。

胡萝卜健肠料理

整肠效果分析

　　胡萝卜中丰富的膳食纤维、木质素有助于润肠通便，维生素C能清洁肠道，胡萝卜素可促进毒素的代谢，因此多喝胡萝卜汁能消除便秘症状。

养生胡萝卜汁

❀ 补肝明目＋防癌抗病

1人份

- 热量 57千卡
- 蛋白质 1.7克
- 脂肪 0.8克
- 糖类 11.7克
- 膳食纤维 3.9克

■ **材料** *Ingredients*

胡萝卜…1根

■ **做法** *Method*

① 将胡萝卜洗干净，去皮切块。

② 把胡萝卜放进果汁机中打成汁，即可饮用。

清炒胡萝卜丝

❀ 促进代谢＋滋润肠胃

1人份

■ **材料** *Ingredients*

胡萝卜…80克
葱丝…适量
姜丝…适量

- 热量 82.2千卡
- 蛋白质 0.9克
- 脂肪 5.4克
- 糖类 6.2克
- 膳食纤维 2.1克

■ **调味料** *Sauce*

料酒…1小匙
盐…适量
香油…1小匙

■ **做法** *Method*

① 将胡萝卜洗净去皮，切成细条状。

② 锅内放油，以葱丝、姜丝爆香，放入胡萝卜丝拌炒片刻。

③ 加入料酒一起拌炒，再加入盐及少许清水焖煮片刻。

④ 等到胡萝卜丝熟透后，加入香油翻炒，即可盛盘食用。

整肠效果分析

　　胡萝卜含有丰富的膳食纤维，能润肠通便；胡萝卜素能促进肠道代谢，并有助于增强肠道的免疫力；又能充分与维生素、果胶结合，降低血液中的汞离子浓度，加速汞离子排出体外。

胡萝卜瘦身粥

❀ 助消化＋美肌健胃

1 人份

- 热量 385.4千卡
- 蛋白质 9.1克
- 脂肪 1.4克
- 糖类 82.5克
- 膳食纤维 2.6克

■材料 *Ingredients*

胡萝卜…80克
大米…100克

■调味料 *Sauce*

盐…少许

■做法 *Method*

① 胡萝卜洗干净，切丝。
② 将大米与胡萝卜丝一起放入锅中，加入适量清水熬煮成粥，加入少许盐调味，即可食用。

整肠效果分析

这一道粥具有卓越的润肠作用，能清理肠道，有效预防便秘。胡萝卜中的维生素A，能消除体内的金属污染，避免毒素感染肠道，还能代谢高蛋白食物，避免高蛋白食物在肠道内进行腐败作用，减少肠道致癌的机会。

辣味胡萝卜

❀ 帮助排便＋消除小腹

1 人份

■材料 *Ingredients*

胡萝卜…1根
生菜…60克
红辣椒丝…3根

- 热量 340.4千卡
- 蛋白质 3.1克
- 脂肪 31克
- 糖类 14.8克
- 膳食纤维 5.9克

■调味料 *Sauce*

盐…少许　　　白醋…2大匙
酱油…3大匙　　香油…2大匙

■做法 *Method*

① 将胡萝卜清洗干净，去皮切丝，加入少量盐腌渍10分钟。
② 把生菜洗干净，撕成小片；红辣椒切成细丝。
③ 将胡萝卜丝与生菜混合，加入红辣椒丝，淋上香油、醋与酱油混合的酱汁，即可食用。

整肠效果分析

胡萝卜与生菜都含有相当丰富的膳食纤维，可以促进肠道的消化与蠕动，能够有效帮助排便，而化解便秘症状，使小腹扁平。

有效降糖排毒

南瓜 *Pumpkin*

- **性质**：性平
- **适用者**：普通人群、糖尿病患者、老年人
- **不适用者**：黄疸患者

南瓜保健功效

- 促进消化
- 调整血糖
- 养颜美容
- 抗衰老
- 改善便秘
- 舒缓眼部疲劳
- 促进血液循环
- 增强抵抗力

食疗效果

　　南瓜是糖尿病患者的理想蔬菜，由于南瓜含有丰富的微量元素钴，所以能促进胰岛素的分泌。

　　南瓜含有大量的果胶，若将南瓜与淀粉食物一起食用，能共同提高胃肠内食物的黏稠度，延缓胃肠的排空状态。果胶食物也能在肠道中充分吸收水分，形成胶状物质，因此能延缓肠道吸收食物中的糖分。

主要营养成分	每100克中的含量
热量	64千卡
膳食纤维	1.7克
维生素C	3毫克
钾	320毫克
维生素B$_1$	0.1毫克

 ### 医师提醒您

1. 南瓜中的胡萝卜素能保护皮肤与黏膜组织，经常摄取南瓜不仅能润肠通便，还能保护肌肤，维护皮肤的润泽。
2. 在寒冷的冬季，建议多吃些南瓜，因为南瓜含有丰富的维生素E，能促进血液循环，帮助身体消除冰冷症状，并增强人体的抵抗力。

 ### 营养师小叮咛

1. 食用南瓜时，不妨善用整颗南瓜的营养价值。南瓜籽含有丰富的矿物质，有助于调整血压；而南瓜皮上面也含丰富的维生素与膳食纤维，对于增强肠道的消化力很有帮助。
2. 以油脂烹调南瓜，能轻易地将胡萝卜素溶解出来，帮助人体吸收胡萝卜素。

 排毒成分

膳食纤维 / 维生素C / 胡萝卜素 / 维生素E	
主要营养素	促进肠道健康的作用
膳食纤维	◆ 软化粪便，排毒 ◆ 消除便秘，代谢胆固醇
维生素C	◆ 防止食物在胃肠里形成亚硝胺致癌物 ◆ 预防食道癌，预防胃癌，促进消化，清洁肠道
胡萝卜素	◆ 增强肠道免疫力 ◆ 清除肠道毒素
维生素E	◆ 促进肠道蠕动力 ◆ 抑制肠道致癌物形成

☀ 南瓜的整肠排毒营养素

❶ 果胶

南瓜中含有丰富的果胶纤维，能充分在肠道中吸收水分，形成果胶状，借此扩充粪便的体积，使粪便更为柔软，帮助排便顺畅。南瓜的果胶纤维对于肠道的刺激较小，能调整肠道的生态，并增加肠道内有益菌的数量，改变肠道菌群的分布状态，有效抑制有害菌的生长，使肠道功能更能正常运作。果胶也是清洁肠道的功臣，它能温和地清洁堆积在肠壁上的毒素废物，使肠道保持清洁，并防止肠道吸收毒素。

❷ 胡萝卜素

南瓜中的胡萝卜素能增强人体的抵抗力，抑制癌细胞生成。胡萝卜素又能充分与维生素、果胶结合，有效降低血液中的汞离子浓度，并加速将汞离子排出体外。胡萝卜素也能强化肠道的免疫能力，防止肠道发炎或致癌。

❸ 维生素E

南瓜中含有大量的维生素E，能调节自主神经，帮助控制肠道运动，使得肠道的蠕动更为活跃。维生素E也能抑制肠道内部致癌物的形成，或抑制肠道内的各种致癌作用发生。

南瓜这样吃效果最好

Good for you

✔ 南瓜＋绿豆＝清除毒素

营养配对：南瓜中含有丰富的维生素E与膳食纤维，搭配具有解毒作用的绿豆一起食用，可以帮助清除肠道内毒素，还能利于调整血糖值，有助于保护肠道健康。

✔ 南瓜＋红豆＝帮助减肥

营养配对：南瓜中的多种维生素与膳食纤维能润肠通便，红豆中的钾具有利尿与消肿效果，两者一起食用，能消除身体的多余水分，达到消肿减肥的效果。

✔ 南瓜＋酸奶＝防止大肠癌

营养配对：南瓜中的维生素A、维生素C、维生素E与酸奶中的双歧杆菌可共同作用，能快速地将附着于肠道中的致癌毒物排出体外，预防大肠癌。

✔ 南瓜＋豆浆＝预防衰老

营养配对：南瓜中的维生素C、维生素E与胡萝卜素，能与豆浆中的皂苷共同发挥作用，增强身体抗氧化的能力，有助于预防衰老。

南瓜健肠料理

整肠效果分析

南瓜中的胡萝卜素能提高身体抗氧化的功能，有助于清除肠道中的致癌物质；其中所含的膳食纤维能促进肠道消化，有效防止便秘与肠道恶化。

健康南瓜粥

❀ 防癌抗老＋补血通便

1
人份

- 热量 353.8千卡
- 蛋白质 10.2克
- 脂肪 1.0克
- 糖类 77克
- 膳食纤维 4.0克

■材料 *Ingredients*

南瓜…220克
大米…60克

■做法 *Method*

① 南瓜洗干净，去皮、去瓤、去籽。
② 将南瓜切块，与清洗干净的大米一起放入锅中，再加入适量清水熬煮成粥。

南瓜炖饭

1
人份

❀ 高纤通便＋清肠排毒

- 热量 885千卡
- 蛋白质 17.8克
- 脂肪 16克
- 糖类 165.8克
- 膳食纤维 7.5克

■材料 *Ingredients*

糙米…200克　　洋葱…60克
南瓜…200克　　大蒜…1瓣
蔬菜高汤…200毫升

■调味料 *Sauce*

橄榄油…2小匙

■做法 *Method*

① 洋葱去皮切碎，放在平底锅中用橄榄油炒软。
② 将南瓜肉取出切块，放入锅中，加入200毫升蔬菜高汤，并加入糙米与大蒜，把上述材料与炒过的洋葱混合，以小火熬煮，直到糙米完全吸收水分为止。

整肠效果分析

南瓜与糙米同煮的炖饭具有优质的膳食纤维，能发挥通便效果，还能促进肠道排除毒素，蔬菜中丰富的维生素与矿物质也能促进肠道新陈代谢，使肠道恢复健康。

金瓜绿豆糙米饭

✿ 健肠暖胃＋利尿美肤

1 人份

- 热量 673.8千卡
- 蛋白质 21.9克
- 脂肪 4.2克
- 糖类 137克
- 膳食纤维 9.8克

■材料 *Ingredients*

南瓜…120克
绿豆…40克
糙米…130克

■做法 *Method*

① 将绿豆与糙米清洗干净，浸泡在水中约1小时备用。
② 把南瓜去皮切成小块，与绿豆糙米一起放入电饭锅中，加入清水煮成饭即可食用。

整肠效果分析

　　南瓜中丰富的膳食纤维能净化肠道，糙米能强健胃肠，绿豆具有帮助肠道解毒的功效，多吃这道有营养的糙米饭，有助于净化肠道，保持肠道健康。

南瓜四色粥

✿ 改善便秘＋增强免疫

1 人份

■材料 *Ingredients*

南瓜丝…60克
绿豆…80克
脆笋丝…150克
丝瓜丝…80克
珊瑚菇…50克
小芹菜…20克

- 热量 98.7千卡
- 蛋白质 3.8克
- 脂肪 1.0克
- 糖类 19.9克
- 膳食纤维 5.3克

■调味料 *Sauce*

盐…少许　　　蘑菇精…少许

■做法 *Method*

① 绿豆洗净后泡一个晚上备用。
② 汤锅里加入水以小火煮沸，加入绿豆滚煮至熟烂。
③ 将其余食材加入锅中略煮至熟，然后加入盐及蘑菇精，即可食用。

整肠效果分析

　　南瓜含有丰富的果胶，能清除肠道内的金属污染物；膳食纤维有助于促进肠道蠕动，改善便秘；维生素A及锌搭配多糖，可消减体内的自由基，并增强免疫力。

高纤碱性食物

甘薯 Sweet Potato / Yam

- **性质：** 性平
- **适用者：** 普通人群、便秘患者
  夜盲症患者
- **不适用者：** 胃溃疡患者、腹胀患者

甘薯保健功效

- 促进消化
- 改善便秘
- 预防癌症
- 强健胃肠
- 滋润肌肤
- 增强体力

食疗效果

　　甘薯具有优异的排除便秘的效果，其中最为人所瞩目的就是丰富的膳食纤维，既能促进肠胃蠕动，又能帮助排便。甘薯更含有薯类中最高含量的维生素C，能促进肠道清洁，防止肠道致癌。甘薯的维生素E与胡萝卜素更能有效预防癌症，增强肠道的免疫力，其中所含的钾与钠，更使甘薯成为良好的碱性食物，有助于保持肠道中的酸碱平衡。

主要营养成分	每100克中的含量
热量	124千卡
膳食纤维	2.4克
钾	290毫克
维生素C	13毫克
钙	34毫克

医师提醒您

1. 甘薯中含有丰富的淀粉质，由于淀粉颗粒较大，食用后容易刺激胃酸分泌，会产生大量二氧化碳，引发腹部胀气，有胃酸过多症状者应该谨慎食用。
2. 在食用甘薯时，最好将甘薯蒸熟透后再食用。

营养师小叮咛

1. 甘薯中的维生素C含量丰富，由于包裹在淀粉之中，即使将甘薯加热也不容易破坏维生素C，多吃甘薯能有效清除肠道毒素，保持肠道健康。
2. 甘薯的表皮也不要浪费，表皮中含有大量的膳食纤维，能帮助通便。

排毒成分

膳食纤维 / 胡萝卜素 / 钾、钠 / 维生素B₆ / 维生素C / 维生素E

主要营养素	促进肠道健康的作用
膳食纤维	◆ 软化粪便；排毒；消除便秘
胡萝卜素	◆ 增强肠道免疫力
钾、钠	◆ 保持人体酸碱平衡
维生素B₆	◆ 增加肠道有益菌；促进肠道蠕动
维生素C	◆ 清洁肠道；增强肠道抵抗力；促进消化
维生素E	◆ 调节自主神经 ◆ 促进肠道蠕动

☀ 甘薯的整肠排毒营养素

❶ 膳食纤维

甘薯中的膳食纤维能增强胃肠功能，在肠道中增加粪便的体积，可充分吸收水分以润肠通便，改善便秘症状。甘薯的膳食纤维中也含有果胶成分，能有效抑制肥胖，发挥减肥效果。

❷ 维生素C

甘薯所含的维生素C是薯类中最丰富的，100克的甘薯就含有30毫克的维生素C，有助于清除肠道细菌，并防止致癌物在肠道内形成，有效保护肠道健康，增强肠道的免疫能力。

❸ 钾、钠

甘薯中含有丰富的钾与钠元素，多食用能保持人体酸碱平衡，并使肠道保持适当弱碱性，有利于肠道进行代谢，促使消化作用顺畅进行。

☀ 如何聪明吃甘薯

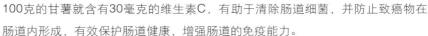

❶ 连皮烤

建议将甘薯连皮烘烤，因为甘薯皮附近含有相当丰富的营养素与纤维质，连皮一起食用，能摄取最丰富的纤维质与维生素，有助于消除便秘症状。甘薯的外皮上含有一种分解淀粉的酶，能帮助肠道消化，同时消除胀气现象。

❷ 生食

直接将红色皮的甘薯连皮生吃，能有效预防便秘。由于生红甘薯的外皮中，充满白色的黏液，能有效润滑肠道与软化粪便，也能有效缓解便秘症状。

❸ 与苹果一起吃

生甘薯与苹果一起食用，甘薯中的白色汁液与苹果中的果胶纤维能共同清除肠道毒素与废气，不仅能改善腹部胀气症状，也能改善便秘。

甘薯健肠料理

整肠效果分析

甘薯中含有丰富的粗纤维，可促进肠道蠕动，缩短食物停留在肠道的时间，利于废物代谢，增强肠道免疫力。而蜂蜜有润肠的效果，有助于改善便秘症状。

蜜汁甘薯

❀ 消除便秘＋清热润肠

1人份

- 热量 388.4千卡
- 蛋白质 2.0克
- 脂肪 0.6克
- 糖类 93.5克
- 膳食纤维 4.8克

■材料 *Ingredients*

甘薯…200克
冰糖…20克
蜂蜜…20克

■做法 *Method*

① 甘薯洗净去皮，切成块状。
② 在锅中放入清水，放进冰糖使其溶化，接着再放入甘薯与蜂蜜。
③ 水烧开后，去掉浮在水面的泡沫，接着以小火慢煮。
④ 等到汤汁变得黏稠时，即可熄火取出甘薯食用。

黄金甘薯粥

❀ 消积清肠＋健脾补虚

1人份

- 热量 780.5千卡
- 蛋白质 14.3克
- 脂肪 2.1克
- 糖类 171.7克
- 膳食纤维 5.6克

■材料 *Ingredients*

甘薯…200克
大米…150克

■做法 *Method*

① 甘薯去皮切块。
② 大米清洗干净，放入锅中加入清水，将大米与甘薯一起煮成粥即可食用。

整肠效果分析

甘薯粥所含丰富的膳食纤维能发挥润肠通便效果，在肠道中能吸收水分并扩充粪便体积，促使产生便意，有助于改善便秘症状。

整肠效果分析

　　甘薯中的膳食纤维能促进肠道蠕动，银耳则能发挥清洁肠道的效果，多吃银耳甘薯汤，有助于排除肠道毒素，防止肠道致病，减少肠道致癌的概率。

银耳甘薯汤

❀ 预防肠癌＋生津止渴

- 热量 100.7千卡
- 蛋白质 0.8克
- 脂肪 0.2克
- 糖类 23.7克
- 膳食纤维 2.7克

■材料 *Ingredients*

甘薯…60克
银耳…4朵

■调味料 *Sauce*

白糖…1小匙

■做法 *Method*

1. 将甘薯洗干净，去皮切块。
2. 银耳洗干净，泡软。
3. 把甘薯块与银耳放入锅中，加入适量清水熬煮，等到这两种材料煮软后，加入白糖调味即可食用。

乳香肉桂烤甘薯

❀ 温胃舒肠＋强身补体

1 人份

■材料 *Ingredients*

甘薯…2个
牛奶…1/3杯

- 热量 642.6千卡
- 蛋白质 8.9克
- 脂肪 3.4克
- 糖类 141.8克
- 膳食纤维 9.6克

■调味料 *Sauce*

白糖…1大匙
肉桂粉…1小匙

■做法 *Method*

1. 甘薯去皮，切成小块。
2. 将牛奶与适量的水一起放到锅中，再把甘薯块放进去，煮到熟软后熄火。
3. 取出甘薯装盘，撒上白糖与肉桂粉，放入烤箱中烤15分钟，即可食用。

整肠效果分析

　　甘薯中丰富的膳食纤维能缓解便秘症状，肉桂可健胃，对降低血脂有明显效果。两者一起烹调食用，能改善肠胃健康状况。

富含铁质的绿色蔬菜

菠菜 *Spinach*

- **性质：** 性平
- **适用者：** 便秘患者、高血压患者
  贫血者
- **不适用者：** 肾结石患者

菠菜保健功效

- ●促进消化
- ●预防痔疮
- ●治疗贫血
- ●改善便秘
- ●保健视力
- ●预防感冒

食疗效果

　　菠菜属于深绿色蔬菜，含有丰富的铁质与叶酸，自古就以优秀的造血功能闻名。多吃菠菜能改善贫血，也能预防痔疮发生。菠菜也是膳食纤维丰富的蔬菜，能疏通并滋润肠道，缓解便秘或消化不良的症状。菠菜又含有大量胡萝卜素，有助于保持皮肤润泽，防止皮肤粗糙，同时能有效预防感冒，增强人体的抵抗力。

主要营养成分	每100克中的含量
热量	22千卡
膳食纤维	2.4克
维生素A	0.6毫克
钾	460毫克
铁	2.1毫克

医师提醒您

① 直接饮用菠菜打成的新鲜菠菜汁，能有效预防夜盲症。

② 菠菜中含有钙，容易形成草酸钙，因此胃肠虚弱者或经常腹泻者，应该尽量避免食用菠菜，以免造成身体不适。

营养师小叮咛

① 建议烹调菠菜时，加油快炒菠菜，如此能使菠菜中的胡萝卜素更易于溶解在油脂中，加快人体的吸收率。

② 菠菜在凉拌前，要先在沸水中烫过一遍，这样草酸与涩味即被去除，有利于人体对钙的吸收。

排毒成分　膳食纤维 / 维生素A / 维生素E / 叶酸

主要营养素	促进肠道健康的作用
膳食纤维	◆ 软化粪便；排毒；消除便秘 ◆ 防止食物在胃肠里形成亚硝胺致癌物质
维生素A	◆ 预防食道癌；预防胃癌 ◆ 清洁肠道；滋润肠道
维生素E	◆ 促进肠道蠕动 ◆ 抑制肠道内部致癌物的形成
叶酸	◆ 有利于保护肠道

✺ 菠菜的整肠排毒营养素

❶ 膳食纤维

菠菜中含有丰富的膳食纤维，能促进肠道蠕动，缩短消化过程中所产生的各种酚、氨、亚硝胺等致癌物质在肠道中停留的时间，减少肠道对毒素的吸收。

❷ 胡萝卜素

胡萝卜素属于一种萜类，在肝脏中可以转变成维生素A，是维生素A的原料。

菠菜所含的胡萝卜素能有效保护肠道不受致癌细胞的侵袭，抑制癌细胞生成。

❸ 酶

菠菜中含有酶，这是一种有助于促进消化的物质，可刺激胰腺分泌，能帮助消化，并有助于滋润肠道，有利于快速通便，防止粪便停留在肠道中，避免肠壁反复吸收毒素，因此也能让皮肤更为洁净健康。

❹ 叶酸

叶酸是一种水溶性维生素，负责人体内DNA的合成、氨基酸代谢及血红蛋白合成，也是造血系统中的重要物质。菠菜中的叶酸能维护神经系统，保护消化系统，有助于促进消化系统的正常运作。

✺ 如何聪明吃菠菜

❶ 与猪肝一起烹调

将猪肝与菠菜一起煮汤，猪肝中的铁与菠菜中的铁一起结合，更能充分发挥预防贫血的功效。

❷ 与苹果打成果汁

将含有丰富膳食纤维的苹果与菠菜一起打成果汁，能补充人体丰富的必需营养素，也能有效预防便秘发生。

❸ 与清烫菠菜的汤一起食用

有效摄取菠菜维生素最好的方式就是将菠菜清烫后，连同汤一起食用，保证能摄取充足的维生素，同时吸收膳食纤维，利于胃肠道健康。

菠菜健肠料理

整肠效果分析

　　菠菜中丰富的膳食纤维能润肠通便，菠菜还含有丰富的铁质与维生素，能促进肠道消化与代谢，常吃这道粥可改善便秘。

翡翠粥

❀ 通利肠胃＋促进代谢

1 人份

- 热量 372.6千卡
- 蛋白质 9.9克
- 脂肪 1.4克
- 糖类 78.7克
- 膳食纤维 2.4克

■材料 *Ingredients*

菠菜…80克
大米…100克

■调味料 *Sauce*

盐…少许

■做法 *Method*

① 菠菜与大米洗净，菠菜切段。
② 大米放入锅中加水煮成粥，煮沸时改以小火，再次煮沸时放入菠菜。
③ 菠菜烫熟后加少许盐，即可食用。

凉拌菠菜

1 人份

❀ 降火排毒＋改善便秘

- 热量 176.2千卡
- 蛋白质 8.4克
- 脂肪 12克
- 糖类 12克
- 膳食纤维 9.6克

■材料 *Ingredients*

菠菜…400克
蒜末…少许

■调味料 *Sauce*

盐…适量
香油…2小匙
酱油…适量

■做法 *Method*

① 菠菜洗干净，切段。
② 在锅中加水煮开，放入菠菜烫软后取出，沥干水分。
③ 碗中放入盐、酱油、香油、蒜末拌匀。
④ 调好的酱汁淋在菠菜上拌匀之后，即可食用。

整肠效果分析

　　菠菜具有卓越的清肠效果，含有丰富的维生素C，能促进消化；丰富的膳食纤维还能清除肠道毒素。

清炒菠菜

✿ 消渴清毒＋利气通便

1 人份

- 热量 88.2千卡
- 蛋白质 4.2克
- 脂肪 6.0克
- 糖类 6.0克
- 膳食纤维 4.8克

■材料 *Ingredients*

菠菜…200克
大蒜…2瓣

■调味料 *Sauce*

盐…少许
橄榄油…1小匙

■做法 *Method*

① 将菠菜清洗干净，切小段。
② 蒜头切片备用。
③ 把菠菜放入锅中，加入1小匙橄榄油与蒜片拌炒，最后加入适量的盐炒匀，即可起锅。

整肠效果分析

　　菠菜中含有丰富的膳食纤维，是非常优良的通便良药，每天吃一次炒菠菜，连续吃一周，就能有效缓解便秘症状，并且能清除肠道毒素。

蚝油蒜香菠菜

✿ 帮助消化＋保护血管

1 人份

- 热量 276.5千卡
- 蛋白质 14克
- 脂肪 1.2克
- 糖类 54.3克
- 膳食纤维 5.0克

■材料 *Ingredients*

大蒜…2瓣
菠菜…200克

■调味料 *Sauce*

蚝油…1大匙

■做法 *Method*

① 把菠菜清洗干净，放入沸水中烫过取出放凉。
② 烫好的菠菜切小段，沥干水分后装盘。
③ 将大蒜去皮拍碎，与蚝油混合均匀，并浇淋在菠菜上，即可食用。

整肠效果分析

　　大蒜拌菠菜能发挥润肠通便的功效，并有助于促进消化，还能发挥滋补身体元气的功能。

美容保健绿色奇迹

芦荟 *Aloe Vera*

- **性质：** 性寒
- **适用者：** 高血压患者、心血管病患者、便秘者
- **不适用者：** 孕妇、体质虚寒者

芦荟保健功效

- 促进消化
- 改善便秘
- 降低血压
- 消炎解毒
- 预防大肠癌
- 保护心血管健康
- 养颜美容
- 改善更年期障碍

食疗效果

芦荟是夏日最佳解暑的蔬菜，丰富的水分是它重要的营养来源，皂苷成分能帮助杀菌，发挥解毒功效。芦荟所含的钙、铁、磷能发挥平衡肠道酸碱值的作用，多糖能促进脂肪与蛋白质代谢；其中酶能增强消化作用，有助于改善便秘。芦荟素能维护心脏机能，有助于保护血管健康；B族维生素可促进糖类代谢，并维持肠道蠕动正常。

主要营养成分	每100克中的含量
热量	4千卡
钾	420毫克
钙	36毫克

医师提醒您

1. 芦荟性质比较寒凉，由于其中含有芦荟泻素，体质虚寒或脾胃虚弱者应该谨慎食用，同时孕妇也要避免食用。

2. 芦荟有助于增强人体免疫力，多糖能促使免疫细胞增生，抑制癌细胞扩大。若每天饮用芦荟汁，则能增强免疫系统功能，发挥防癌作用。

营养师小叮咛

1. 芦荟薄膜中含有大黄素，具有很强的促泻效果，胃肠疲弱者，最好将芦荟去皮再烹调食用，以免引发过敏或腹泻。

2. 芦荟汁对于胃中pH值、粪便密度、蛋白质的消化与吸收，以及粪便的微生物皆有极佳的影响。

排毒成分

膳食纤维 / 维生素C / 芦荟素 / 大黄素 / 黏多糖

主要营养素	促进肠道健康的作用
膳食纤维	◆ 软化粪便，排毒，消除便秘
维生素C	◆ 防止食物在胃肠里形成亚硝胺致癌物质 ◆ 预防食道癌，预防胃癌，清洁肠道
芦荟素	◆ 健胃，促进肠胃蠕动
大黄素	◆ 促进消化，排除肠道毒素
黏多糖	◆ 促进消化，防止胀气 ◆ 促进肠道健康

☀ 芦荟的整肠排毒营养素

❶ 消化酶

芦荟中含有丰富的消化酶，能促进肠道
分泌消化液，也能消除胃部发炎症状，
并有修复胃溃疡的疗效。

❷ 黏多糖

芦荟中的黏多糖能促进消化系统的稳
定，抑制大肠杆菌的生长，并帮助乳酸
杆菌生长。黏多糖能有效减少肠道内的
气体，并减缓对消化系统的刺激，提供
肠道更为健康的环境。

❸ 芦荟素

芦荟丰富的芦荟素是使芦荟产生苦味的独特成分，芦荟素具有卓越的健胃效果，
可以有效保护胃肠，防止胃肠因为摄取食物过量或宿醉引发反胃症状。

❹ 大黄素

芦荟中含有一种大黄素，能在体内合成抗体，增强身体抵抗力。大黄素也能促进
肠胃代谢功能，帮助消化。

☀ 如何聪明吃芦荟

❶ 打成果汁饮用

芦荟含有多种芦荟素、酶与芦荟泻素，
若将芦荟中的果肉与其他水果打成果汁
饮用，便能充分摄取完整的酶，有助于
促进肠道消化，缓解肠道不适症状。

❷ 与蔬菜一起快炒

将芦荟果肉切片，与蔬菜或肉片一起拌
炒，烹调过后的芦荟果肉更易入口。芦
荟的膳食纤维与多糖体能充分被人体吸
收利用，发挥更好的润肠作用。

❸ 烹调成甜汤

将芦荟果肉取出，加入糖水熬煮成甜汤，就成为一道美味天然的养生甜品。甜汤
的特质很温和，能发挥清热解毒功效，并防止肠道出现燥热症状。

芦荟健肠料理

整肠效果分析

小黄瓜的膳食纤维能整肠，丰富的水分可代谢肠道毒素；红椒的矿物质能平衡肠道的生态环境；芦荟能促进肠道蠕动，有效改善肠道代谢不良症状。

红椒芦荟汤

❀ 健胃滑肠＋保护血管

■材料 *Ingredients*

芦荟…1片
红甜椒…1个
小黄瓜…1根

■调味料 *Sauce*

盐…少许

- 热量 57千卡
- 蛋白质 3.3克
- 脂肪 1.0克
- 糖类 10.6克
- 膳食纤维 4.7克

■做法 *Method*

1. 芦荟清洗干净，去除外皮，取出芦荟肉。
2. 将芦荟肉切段，把红甜椒去蒂与籽，红椒切块。
3. 小黄瓜洗净切块，水烧开，加入红甜椒略煮，再放入小黄瓜与芦荟肉一起煮。再次煮沸时，加盐调味即可起锅。

芦荟苹果汁

❀ 生津养神＋润肌通肠

- 热量 128千卡
- 蛋白质 1.8克
- 脂肪 1.0克
- 糖类 30.5克
- 膳食纤维 6.5克

■材料 *Ingredients*

胡萝卜…1根
苹果…1个
芦荟…半片

■做法 *Method*

1. 将所有材料洗干净后，胡萝卜与苹果去皮切块，芦荟去皮切片。
2. 把所有材料放入果汁机中打成蔬果汁，即可饮用。

整肠效果分析

芦荟与胡萝卜中丰富的膳食纤维能润肠通便。芦荟所含消化酶可促进消化与代谢，有效改善便秘症状。而且，芦荟汁可抑制细菌与霉菌的活性，减少粪便中的有害菌。

冰糖芦荟茶

❀ 排解毒素＋加速代谢

■ 材料 *Ingredients*

芦荟…1片
茶叶…3克
冰糖…1小匙

- 热量 21.4千卡
- 蛋白质 0.1克
- 脂肪 0.2克
- 糖类 5.1克
- 膳食纤维 0.7克

■ 做法 *Method*

❶ 芦荟去皮，将芦荟肉切成小片放在杯中。
❷ 将煮好的热开水倒入芦荟中冲泡，再加入冰糖调味，即可饮用。

整肠效果分析

　　芦荟有助于分解抽烟带来的毒素，同时芦荟的营养素还能促进新陈代谢，替肠道解毒。芦荟还能促进皮肤骨骼胶原的合成，有效防止老化，而且芦荟素还能防止黑色素的产生，淡化皮肤黑斑。

凉拌糖醋芦荟

❀ 排毒美白＋活化肠道

■ 材料 *Ingredients*

小黄瓜…1根
胡萝卜…60克
芦荟…1片

- 热量 118.2千卡
- 蛋白质 3.1克
- 脂肪 6.1克
- 糖类 14.8克
- 膳食纤维 4.1克

■ 调味料 *Sauce*

酱油…2大匙　　白醋…1大匙
香油…1小匙　　白糖…1小匙

■ 做法 *Method*

❶ 将胡萝卜洗干净后，去皮切丝。
❷ 把小黄瓜刨成细丝，芦荟去皮切丁。
❸ 在大碗中放入酱油，混合白醋、香油、白糖，加入胡萝卜丝、黄瓜丝与芦荟。
❹ 将上述材料及调味料充分搅拌均匀后冰镇即可食用。

整肠效果分析

　　小黄瓜中的水分能促进肠道代谢，胡萝卜的膳食纤维可促进肠道蠕动，芦荟能分解肠道毒素，有助于改善消化不良与便秘症状。

高纤营养平价食材

土豆 *Potato*

- **性质：** 性平
- **适用者：** 便秘者、十二指肠溃疡患者、慢性胃炎患者、皮肤湿疹患者
- **不适用者：** 慢性肾炎患者

土豆保健功效

- 促进消化
- 防止衰老
- 强健胃肠
- 利尿
- 改善便秘
- 增强体力
- 缓解忧郁
- 预防高血压

食疗效果

土豆中含有丰富的钾，能排除体内多余盐分，帮助调节血压。心脏病患者体内经常缺钾，多吃土豆可有效保护心脏。土豆的膳食纤维也很丰富，能代谢身体脂肪，并促进肠道畅通。土豆含有多种营养素，热量却很低，可用来作为糖尿病患者的食疗蔬菜。维生素C能舒缓精神疲劳，治疗关节疼痛。

主要营养成分	每100克中的含量
热量	81千卡
膳食纤维	1.5克
烟酸	1.3毫克
维生素C	25毫克
钾	300毫克

医师提醒您

1. 土豆中的淀粉具有保护胃肠的疗效，能治疗胃溃疡。不妨将土豆烤熟后食用，有助于舒缓胃溃疡的症状。
2. 对于胃肠比较虚弱的人，或容易出现反胃症状的人，很适合食用土豆来调养肠胃的健康。

营养师小叮咛

1. 土豆外皮上若长芽，烹调时要将芽去除，因为这种芽含有毒素，容易对人体产生侵害。
2. 土豆中的维生素C含量非常丰富，不容易受到加热烹调而破坏，不妨多加利用以协助清除肠道毒素。

排毒成分	膳食纤维／维生素B$_6$／维生素C／钾、钙、磷、镁、铁	
主要营养素	**促进肠道健康的作用**	
膳食纤维	◆ 软化粪便，排毒 ◆ 消除便秘	
维生素B$_6$	◆ 增加肠道有益菌 ◆ 促进肠道蠕动	
维生素C	◆ 清洁肠道，增强肠道免疫力 ◆ 防止人体紧张引起的肠道蠕动障碍	
钾、钙、磷、镁、铁	◆ 代谢多余脂肪，保护心血管 ◆ 保持肠道酸碱平衡	

☀ 土豆的整肠排毒营养素

❶ 膳食纤维

土豆可缓解消化不良、食欲不振以及便秘的症状，因此土豆是胃病患者的良好保健蔬菜。

❷ 维生素C

土豆中含有丰富的维生素C，比去皮的苹果所含的维生素C含量还要高，能发挥清洁肠道的作用，并促进肠道的代谢进行；维生素C也能增强肠道的免疫力，防止肠道出现致癌现象。土豆中的维生素C能舒缓压力，防止身体因为过度紧张而出现肠道蠕动障碍，更能增强肠道的代谢能力。

❸ 淀粉

土豆中的淀粉含量极高，能有效保护胃部黏膜，有助于舒缓胃溃疡症状，改善胃痛症状，并防止胃部发炎。

❹ 维生素B6

土豆中也含有丰富维生素B6，能促进肠道蠕动，发挥滋润肠道的功效。维生素B6也能有效增加肠道中的有益菌数量，可维持肠道中菌群的生态平衡，有效维护肠道健康。

土豆这样吃最好!

✔ **搭配番茄一起烹调**　番茄与土豆都含有丰富的钾元素，可强化人体对于钾元素的摄取量，帮助促进能量代谢，并维持肠道代谢的功能。而番茄含有大量抗氧化成分，与维生素C高含量的土豆一起食用，能增强人体的抗氧化能力，提高肠道免疫力。

✔ **与牛肉一起食用**　土豆中丰富的维生素C，与高铁质的牛肉一起食用，能有效提高人体对铁的吸收，并能预防贫血症状，使人充满活力。

✔ **与奶酪一起烘烤**　含有大量钙的奶酪很适合与土豆一起烘烤，土豆的维生素C与奶酪中的蛋白质结合时，能强化胶原蛋白的合成，维护肌肤光泽，发挥美容皮肤的功效，还有助于消除人体疲劳。

注意事项 土豆连皮煮，营养加分

土豆在烹煮过后，其中的钾会流失约30%，如要更有效利用其所含的钾，最好连皮蒸煮土豆，如此便能避免因切碎与长时间浸泡而流失钾元素。

土豆健肠料理

鲜榨土豆汁

❀ 解毒养胃＋帮助消化

1 人份

- 热量 162千卡
- 蛋白质 5.4克
- 脂肪 0.6克
- 糖类 3.3克
- 膳食纤维 3.0克

■ **材料** *Ingredients*

土豆…1个

■ **做法** *Method*

① 土豆洗干净去皮，切成薄片。
② 将土豆放入果汁机中，打成汁即可饮用。

整肠效果分析

　　建议每天早晨与午饭前，空腹饮用半杯土豆汁，只要2～4天就能发挥缓解便秘的疗效。土豆汁是极佳的制酸剂，可用来缓解消化不良。

胡萝卜洋芋汤

❀ 补充精力＋高纤润肠

1 人份

- 热量 381千卡
- 蛋白质 12.5克
- 脂肪 2.0克
- 糖类 77.7克
- 膳食纤维 9.9克

■ **材料** *Ingredients*

土豆…2个
胡萝卜…1根

■ **调味料** *Sauce*

盐…适量

■ **做法** *Method*

① 土豆洗净去皮，切块状；胡萝卜洗净去皮切块。
② 锅中加入清水，再放入切好的土豆与胡萝卜，一起煮沸。
③ 土豆与胡萝卜煮软后，加入盐调味，再略煮5分钟，即可食用。

整肠效果分析

　　土豆含有丰富的膳食纤维，是很好的润肠食物，土豆富含胡萝卜素与维生素C，与胡萝卜一起煮汤，能增强肠道的免疫力，防止肠道发生病变。

奶香薯泥

✿ 增强记忆＋益脾通便

1人份

- 热量 469.8千卡
- 蛋白质 13.4克
- 脂肪 7.7克
- 糖类 85.7克
- 膳食纤维 6.0克

■ **材料** *Ingredients*

土豆…2个
植物性奶油…4大匙
牛奶…2大匙

■ **调味料** *Sauce*

胡椒粉…适量

■ **做法** *Method*

① 土豆去皮洗净，放入蒸锅蒸熟。
② 将熟土豆捣成泥状，加入牛奶与奶油搅拌均匀，再加入胡椒粉调匀即可食用。

整肠效果分析

　　土豆中含有丰富的葡萄糖，具有优质的补脑效果，能够明显地提高人体的记忆力。钾能帮助维持细胞内液体和电解质的平衡，并维持心脏功能和血压的正常；膳食纤维可帮助通便，并预防直肠和结肠癌。

土豆莲藕汁

✿ 改善便秘＋补血助眠

1人份

- 热量 137.4千卡
- 蛋白质 3.8克
- 脂肪 0.5克
- 糖类 30.3克
- 膳食纤维 4.1克

■ **材料** *Ingredients*

土豆…60克
新鲜莲藕…120克

■ **做法** *Method*

① 将土豆与莲藕洗净切片。
② 两者放入果汁机中打成汁，取新鲜土豆莲藕汁饮用即可。

整肠效果分析

　　每天早、晚餐前，各饮用半杯土豆莲藕汁，能有效缓解便秘症状。土豆所含的维生素C，比去皮的苹果高一倍。人体每天摄取200～300克新鲜土豆，就可补充一天维生素C的消耗。

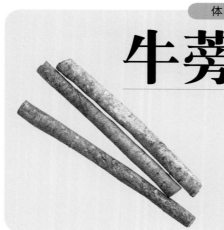

体内大扫毒

牛蒡 *Burdock*

- **性质：** 性温
- **适用者：** 普通人群
- **不适用者：** 尿频者

牛蒡保健功效

- 促进消化
- 改善便秘
- 预防动脉硬化
- 预防大肠癌
- 强健身体
- 利尿
- 排毒解毒
- 预防糖尿病

食疗效果

牛蒡中的膳食纤维具有卓越的排毒功效，能清除肠道中的毒素，是近年来炙手可热的排毒食物。

牛蒡中的膳食纤维能减缓肠道对于糖分的吸收，可预防糖尿病。牛蒡也能促进血液循环，并有效温暖滋补身体，使身体保持强健的体力。并且牛蒡中的菊糖能排除体内的坏胆固醇，可有效预防动脉硬化。

主要营养成分	每100克中的含量
热量	98千卡
膳食纤维	6.7克
钙	46毫克
镁	46毫克
铜	0.3毫克

医师提醒您

1. 牛蒡的热量很低，100克牛蒡的热量只有98千卡，牛蒡的高纤维又能增加饱腹感，可作为减肥者的健康食品。
2. 牛蒡中帮助排毒的木质素，通常出现在牛蒡的切口，处理时最好将牛蒡斜切成薄片，使牛蒡的木质素更容易被人体吸收利用。

营养师小叮咛

1. 牛蒡的外皮含有丰富的膳食纤维，因此在烹调牛蒡时，记得不要将外皮丢掉。外皮与接近皮的牛蒡肉之间，含有许多利于通便的营养素，记得善用牛蒡的外皮以帮助整肠通便。
2. 牛蒡涩味较强，切开后建议先放入醋水中浸泡，以消除涩味，并防止牛蒡变色。

排毒成分	膳食纤维／木质素／菊糖／寡糖	
主要营养素		**促进肠道健康的作用**
膳食纤维		◆ 软化粪便；排毒；消除便秘 ◆ 清洁肠道；降低胆固醇
木质素		◆ 吸附毒素；促进大肠蠕动 ◆ 增加排便量；预防大肠癌
菊糖		◆ 利尿；清洁肠道 ◆ 排泄肠道中的致癌毒物；降低血糖值
寡糖		◆ 增加肠道中有益菌数量 ◆ 保持肠道生态健康平衡

牛蒡的整肠排毒营养素

❶ 膳食纤维

牛蒡中的膳食纤维属于不可溶性膳食纤维，能促进肠道蠕动，发挥清理胃肠的排毒效果，有助于预防便秘发生。

牛蒡中的膳食纤维还能有效降低胆固醇，减少肠道对胆固醇的吸收量。

❷ 木质素

木质素是一种不可溶性纤维，它会在肠道内大量吸收水分，快速扩充在肠道中的粪便体积，使大肠能顺畅进行蠕动。

木质素也会吸附肠道中的毒素，使致癌物质随着粪便排出体外，具有很卓越的排毒效果，因而能防止大肠癌发生。

❸ 菊糖

牛蒡还含有一种珍贵的菊糖成分，这是一种水溶性膳食纤维，能有效减缓肠道吸收糖分的速度，避免血糖急速上升，有效控制血糖值，有助于预防糖尿病。

菊糖也能排除肠道中的胆固醇，有效预防动脉硬化。

❹ 寡糖

牛蒡中的寡糖能在肠道中增加乳酸杆菌的数量，加强肠道环境的健康，降低有害菌的数量，有效保持肠道清洁，改善便秘症状，预防大肠癌发生。

牛蒡这样吃效果最好

Good for you

✔ 牛蒡＋橄榄油＝促进通便

营养配对：牛蒡中的维生素B_1与富含亚油酸的橄榄油一起烹调食用，有助于润肠通便，防止肠道干燥，帮助肠道蠕动，能充分促进排便。

✔ 牛蒡＋猪肉＝促进肠道健康

营养配对：牛蒡中含有丰富的维生素B_1，若与同样含有维生素B_1的猪肉一起烹调食用，能强化人体对于维生素B_1的摄取量，增加肠道中的有益菌，并促进肠道蠕动，有助于维护肠道生态的健康。

✔ 牛蒡＋魔芋＝加强排毒

营养配对：魔芋含多糖，具黏稠性，能吸附肠道毒素后排出体外。魔芋与牛蒡的膳食纤维结合后，有利于排毒，增强肠道的抗病能力。

✔ 牛蒡＋黄豆＝提高新陈代谢

营养配对：牛蒡中含有丰富的维生素B_1，若与同样含有维生素B_1的黄豆一起烹调食用，可强化人体对于维生素B_1的摄取量，提高人体新陈代谢，进而有效代谢蛋白质与糖类，并防止脂肪堆积在体内。

牛蒡健肠料理

牛蒡萝卜汤

❀ 整肠通便＋化淤解热

■材料 *Ingredients*

1人份

牛蒡…200克
白萝卜…100克
胡萝卜…100克
毛豆…40克

- 热量 305千卡
- 蛋白质 12.5克
- 脂肪 3.3克
- 糖类 60.9克
- 膳食纤维 19.3克

■调味料 *Sauce*

盐…2克

■做法 *Method*

① 将牛蒡、白萝卜与胡萝卜洗干净，去皮切大块。
② 毛豆洗干净后，浸泡在水中备用。
③ 将所有材料放入锅中，加入适量清水以大火熬煮，煮滚后改用小火煮约20分钟，加盐调味即可。

整肠效果分析

　　牛蒡萝卜汤含有大量的膳食纤维，能发挥润肠通便的作用；胡萝卜也能促进血液循环，有助于促进肠道代谢，使肠道保持健康。

芝麻牛蒡丝

❀ 排除毒素＋抗老养颜

1人份

■材料 *Ingredients*

牛蒡…150克
葱…半根
大蒜…2瓣
黑芝麻…1大匙

- 热量 425.7千卡
- 蛋白质 606克
- 脂肪 24克
- 糖类 50.6克
- 膳食纤维 11.4克

■调味料 *Sauce*

盐…1克　　　白糖…1小匙
胡椒…少许　　白醋…2小匙
香油…1小匙

■做法 *Method*

① 牛蒡洗干净，去皮切成细丝状。
② 将葱及大蒜洗干净，切成细末。
③ 把牛蒡放入沸水中烫过取出，将所有调味料混合拌匀，淋在牛蒡丝上，并撒上黑芝麻，即可食用。

整肠效果分析

　　牛蒡含有丰富的膳食纤维，能促进肠胃蠕动；黑芝麻能滋润肠道，并发挥滋补体力的效果。多吃芝麻牛蒡丝有助于清除肠道毒素，防止便秘发生。

日式酥炸牛蒡

❀ 生津润肠＋养发通乳

1 人份

■材料 *Ingredients*

牛蒡…90克
面粉…3大匙
鸡蛋…1个

- ● 热量 566.9千卡
- ● 蛋白质 13克
- ● 脂肪 43.8克
- ● 糖类 33.6克
- ● 膳食纤维 7.5克

■调味料 *Sauce*

黑芝麻…1小匙
橄榄油…2大匙

■做法 *Method*

❶ 牛蒡洗净，去皮切成细条状。
❷ 把面粉、鸡蛋与黑芝麻加水拌匀成面衣。
❸ 把牛蒡放入面衣中拌匀，然后全部放入已加热的橄榄油中大火油炸，时间不要长，呈现金黄色后即可取出。油分完全沥干后即可。

整肠效果分析

　　牛蒡中的膳食纤维能软化粪便，有利于润肠通便；黑芝麻中的亚油酸能滋润肠道；矿物质则能促进肠道代谢消化，并利于肠道排毒。

黑芝麻蒜炒牛蒡

❀ 缓解便秘＋补脑养身

1 人份

■材料 *Ingredients*

黑芝麻…2大匙
牛蒡…150克　　大蒜…2瓣

- ● 热量 410.9千卡
- ● 蛋白质 9.4克
- ● 脂肪 22克
- ● 糖类 43.6克
- ● 膳食纤维 12.8克

■调味料 *Sauce*

盐…1/2小匙　　醋…1小匙
白糖…1小匙　　料酒…1小匙
酱油…1小匙　　橄榄油…1小匙

■做法 *Method*

❶ 将牛蒡洗干净，去皮切成细条状。
❷ 在沸水中加入牛蒡，烫过后取出。
❸ 大蒜去皮，拍碎。
❹ 在锅中放油加热，放入大蒜与牛蒡，再加入所有调味料一起拌炒。
❺ 撒上黑芝麻一起翻炒，即可起锅。

整肠效果分析

　　牛蒡中含有丰富的木质素与膳食纤维，黑芝麻中的脂肪酸能滋润肠道，多吃黑芝麻蒜炒牛蒡可有效缓解肠道干燥现象，促进排便顺畅。

鲜脆消暑润肠夏蔬

莲藕 *Lotus Root*

- **性质：** 性凉
- **适用者：** 普通人群
- **不适用者：** 肾脏病患者

莲藕保健功效

- 帮助消化
- 促进胃肠功能
- 预防感冒
- 降低血压
- 改善便秘
- 预防动脉硬化
- 滋润肌肤
- 促进新陈代谢

食疗效果

富有凉爽鲜脆口感的莲藕，是秋天最受欢迎的食材。其中所含的钾与钙可帮助利尿，能将夏日堆积在体内的毒素排出体外，是极好的秋日滋补食物。莲藕中更含有一般蔬菜中少有的维生素B₁₂，可以有效预防贫血。

对于容易因夏日暑气引发的肠道干燥型便秘症状，不妨多饮用莲藕茶来帮助舒缓。

主要营养成分	每100克中的含量
热量	74千卡
膳食纤维	2.7克
维生素C	42毫克
维生素B₁	0.06毫克
钙	20毫克

医师提醒您

1. 莲藕含有大量的膳食纤维，能促进胃肠蠕动，胃肠虚弱者应该避免一次食用过量，以免增加肠胃消化负担。
2. 莲藕含有丰富的矿物质与维生素C，能有效预防宿醉。不小心酒醉时，可将莲藕与鸭梨打成果汁直接饮用，有助于消除堆积在体内的酒精毒素。

营养师小叮咛

1. 水烫莲藕时，应该缩短在热水中的时间，避免因为在水中久煮，使莲藕中的维生素C流失。
2. 莲藕切开时很容易氧化变色，建议切开后立刻放入醋水中浸泡片刻再取出，如此便能防止莲藕出现氧化现象。

排毒成分

膳食纤维 / 维生素B₁ / 维生素B₁₂ / 维生素C / 果胶 / 淀粉

主要营养素	促进肠道健康的作用
膳食纤维	◆ 软化粪便；排毒；消除便秘
维生素B₁	◆ 促进肠道有益菌；改善肠道消化功能
维生素B₁₂	◆ 改善肝脏功能
维生素C	◆ 清洁肠道；增强肠道免疫力 ◆ 防止因紧张引起的肠道蠕动障碍；预防食道癌
果胶	◆ 清除肠道毒素
淀粉	◆ 防止痔疮出血；防止血便

☀ 莲藕的整肠排毒营养素

❶ 黏蛋白

莲藕中的黏蛋白物质很丰富，黏蛋白能促进肠道消化，有助于蛋白质与脂肪的代谢，减少胃肠的负担，具有一定的健胃作用。

❷ 维生素C

莲藕中含有丰富的维生素C，能发挥清洁肠道的作用，并促进肠道的代谢进行；维生素C也能增强肠道的免疫力，防止肠道出现致癌现象。维生素C也能舒缓压力，有助于促进肠道蠕动正常。

❸ 果胶

莲藕中含有果胶，能有效清除肠道中的金属毒物。若肠道中堆积许多重金属污染物质，可借由摄取果胶来排出。果胶在进入肠道时，能有效吸收铅、汞、锰等毒素物质，防止毒素感染肠道。

❹ 单宁

莲藕中的单宁成分，具有收敛与消炎的效果，能舒缓胃肠的疲劳现象，有效保护胃肠功能正常。单宁也能缓解胃肠发炎与溃疡症状。

❺ 淀粉

莲藕中含有丰富的淀粉物质，具有一定的止血作用，能有效预防血便以及痔疮出血症状。

莲藕这样吃效果最好

Good for you

✔ 莲藕＋猪肉＝清洁肠道

营养配对：莲藕与猪肉一起烹调，猪肉中的蛋白质与维生素E能促使人体充分吸收莲藕中的维生素C，强化肠道的免疫能力，同时也能有效清洁肠道。

✔ 莲藕＋醋＝促进消化

营养配对：莲藕中的黏蛋白有助于健胃与促进消化功能，加醋一起烹调，醋酸成分会促进消化液分泌，有利于消化顺畅，防止便秘发生。

✔ 莲藕＋红枣＝改善贫血

营养配对：莲藕含有大量维生素C，若与含有铁元素的红枣一起烹调成滋补汤，莲藕中的维生素C可强化人体对于铁的吸收，有效预防贫血症状。

✔ 莲藕＋鸡蛋＝美化肌肤

营养配对：莲藕中含有丰富的维生素C，若与含有丰富蛋白质的鸡蛋一起烹调，则能共同促进胶原蛋白的生成，有助于防止黑斑，使皮肤细致白净。

整肠效果分析

　　莲藕糯米粥具有清火排毒的作用，能使肠道清洁干净，有助于强健胃肠并滋补体力，增强肠道免疫力。尤其妇女产后忌食生冷，唯独不忌藕，是因为莲藕能消淤，故可多食这道菜。

莲藕糯米粥

❀ 凉血散淤＋强化免疫力

1人份

- 热量 885千卡
- 蛋白质 21克
- 脂肪 1.9克
- 糖类 193.9克
- 膳食纤维 8.1克

■材料 *Ingredients*

莲藕…200克
糯米…400克
胡萝卜…少许

■调味料 *Sauce*

盐…少许

■做法 *Method*

① 莲藕、胡萝卜洗干净，去皮切小块。
② 将糯米清洗干净，放入锅中加入适量清水，放入莲藕、胡萝卜一起熬煮。
③ 莲藕粥煮熟时，加盐搅拌均匀，即可熄火食用。

梨香莲藕汁

❀ 清肠退火＋消除疲劳

1人份

- 热量 503.3千卡
- 蛋白质 8.8克
- 脂肪 2.4克
- 糖类 120.6克
- 膳食纤维 17.2克

■材料 *Ingredients*

鸭梨…400克
莲藕…400克
蜂蜜…1大匙

■做法 *Method*

① 将鸭梨洗干净，去皮与核，切成小块。
② 把莲藕洗干净，去皮切碎，与梨块一起放入果汁机中打成果汁。
③ 加入蜂蜜调匀，即可饮用。

整肠效果分析

　　梨中丰富的维生素C与莲藕中的维生素相辅相承，能满足人体对维生素的需求，有助于消除疲劳，排除乳酸，并能改善肠道老化症状。

醋拌莲藕

✿ 开胃护肠＋消食止泻

1 人份

- 热量 169.1千卡
- 蛋白质 2.7克
- 脂肪 0.5克
- 糖类 4.5克
- 膳食纤维 4.1克

■材料 *Ingredients*

新鲜莲藕…2节

■调味料 *Sauce*

白醋…适量
盐…适量
白糖…适量

■做法 *Method*

1. 将莲藕洗干净去皮，切成片状。
2. 莲藕片放入沸水浸泡后取出。
3. 混合白醋、盐与白糖，再将莲藕片混入浸泡。
4. 浸泡一段时间后，即可食用。

整肠效果分析

　　莲藕中含有黏蛋白，能促进脂肪消化，醋酸能促进肠道代谢，也能改善食欲不振症状。莲藕富含的维生素C也能舒缓压力，有助于促进肠道蠕动正常。

蒜苗酱烧藕片

✿ 清燥润肠＋消脂排毒

1 人份

■材料 *Ingredients*

莲藕…120克
蒜苗…3根
红辣椒…1根

- 热量 206.2千卡
- 蛋白质 6.4克
- 脂肪 6.0克
- 糖类 35.1克
- 膳食纤维 8.5克

■调味料 *Sauce*

白醋…1小匙　　酱油…2小匙
香油…1小匙　　白糖…1小匙
蒜泥…1小匙

■做法 *Method*

1. 莲藕洗净，去皮切片。
2. 莲藕片放到沸水中烫过取出。蒜苗切碎。辣椒切细。
3. 锅中放入适量香油加热，放入莲藕，再加入所有调味料，加水以大火烧煮。
4. 煮到汤汁剩下一半时，加入蒜苗，以小火翻炒约3分钟即可起锅。

整肠效果分析

　　莲藕中的膳食纤维能扩充肠道粪便的体积，有助于通便，缓解便秘症状。所含的果胶在进入肠道时，能有效吸收铅、汞、锰等毒素物质，防止毒素感染肠道。

杀菌效果第一名

白萝卜 *Daikon Radish*

- **性质：** 性寒
- **适用者：** 高血压患者、癌症患者、感冒患者、普通人群
- **不适用者：** 身体虚弱者

白萝卜保健功效

- ● 促进消化
- ● 降低血压
- ● 调整胃肠
- ● 利尿、解毒
- ● 改善便秘
- ● 提振食欲
- ● 预防心血管疾病
- ● 杀菌防癌

食疗效果

白萝卜是优质的清肠蔬菜，其中所含的膳食纤维能促进排便，也能促进肠道蠕动与消化，改善便秘的症状。

白萝卜中含有芥子油，能促进肠道蠕动，有助于健胃与消化食物。多生食白萝卜也能帮助肠道杀菌，消灭大肠中的大肠杆菌与葡萄球菌，有助于抑制肠道发炎，提升肠道的免疫力，更提高人体的抗病能力。

主要营养成分	每100克中的含量
热量	21千卡
膳食纤维	1.3克
钙	27毫克
维生素C	18毫克
钾	200毫克

医师提醒您

① 白萝卜抑制癌细胞的成分只有在生食时才摄取得到，其活性成分很容易在高温中被破坏，故尽量以生食为佳。

② 很多小吃常见白萝卜和胡萝卜一起煮食，可是白萝卜的维生素C含量高，而胡萝卜则含有一种对抗维生素C的分解酶，两者同煮，营养价值大打折扣。

营养师小叮咛

① 白萝卜接近根部的地方富含维生素C，因此在烹调时要注意避免丢弃根部。白萝卜的叶子也有用处，叶子含有丰富铁质，能预防贫血与癌症。

② 生白萝卜中的维生素C与消化酶很容易在室温中久置而流失，建议若要生食白萝卜，最好洗净立即食用。

排毒成分

膳食纤维 / 维生素C / 芥子油 / 消化酶 / 吲哚类物质

主要营养素	促进肠道健康的作用
膳食纤维	◆ 软化粪便；排毒 ◆ 消除便秘
维生素C	◆ 防止食物在胃肠里形成亚硝胺致癌物质 ◆ 预防食道癌；预防胃癌
芥子油	◆ 促进肠胃蠕动；健胃 ◆ 促进胃液分泌
消化酶	◆ 帮助消化；抑制胃酸过多 ◆ 调整胃肠功能
吲哚类物质	◆ 解除致癌物质毒性；预防大肠癌

☀ 白萝卜的整肠排毒营养素

❶ 芥子油

芥子油是白萝卜中的辛辣成分，这种营养素能促进胃液分泌，帮助肠胃消化，还能有效调理肠胃，防止消化不良症状发生。

❷ 消化酶

白萝卜中的消化酶是一种能促进消化的糖化酶，能帮助分解肠道中的致癌物质亚硝胺，防止肠道致癌。糖化酶可以分解食物中的淀粉与脂肪，具有促进消化、帮助脂肪消耗与利用，抑制胃酸过多的功能。

❸ 吲哚类物质

白萝卜属于十字花科蔬菜，含有具解毒作用的吲哚类物质，有助于解除致癌物质的毒性，预防大肠癌的发生。

❹ 维生素C

白萝卜中含有非常丰富的维生素C，有助于清洁肠道，促进肠道代谢消化作用，也能舒缓肠道的紧张，促进肠道蠕动。

白萝卜这样吃最好!

✔ **生 食**	白萝卜中含有丰富的芥子油，具有优秀的排毒功效，若欲充分运用白萝卜的排毒效果，建议最好生食。做法是将白萝卜切成细丝做成凉拌菜，或切成块状腌渍食用，都是摄取营养素的好方法。
✔ **萝卜泥**	将白萝卜研磨成泥，能缓解胃部消化不良的症状。
✔ **打成汁液**	新鲜白萝卜汁能有效缓解腹部胀气或胃痛症状，若在白萝卜汁中加入适量蜂蜜，还能缓解喉咙疼痛症状。
✔ **味噌腌渍**	使用味噌腌渍白萝卜，能使白萝卜吸收味噌中的B族维生素，可防止白萝卜在烹调料理过程中流失维生素，强化B族维生素被人体吸收，有效促进肠道健康。

📖 名词迷你辞典 不可溶性纤维

膳食纤维可分为水溶性及不可溶性两种。不可溶性纤维无法溶解在水中，因此具有很强的吸水作用，能在肠道内吸附水分与毒素废物，并膨胀成海绵状，有助于形成粪便，并能刺激胃肠蠕动，有利于排便。而且不可溶性纤维多存在于白萝卜等根茎类蔬菜中。

白萝卜健肠料理

整肠效果分析

新鲜萝卜丝含有丰富的维生素C与膳食纤维，能清除肠道毒素，改善便秘。所含的干扰素诱生剂，能抗病毒感染、抑制肿瘤增生。

白菜萝卜丝

❀ 养胃生津＋清热通便

1 人份

- 热量 45.7千卡
- 蛋白质 1.2克
- 脂肪 0.3克
- 糖类 10.4克
- 膳食纤维 1.8克

■**材料** *Ingredients*

白菜心…60克
白萝卜…80克

■**调味料** *Sauce*

白醋…2大匙
白糖…1小匙
酱油…1大匙

■**做法** *Method*

1 将白菜心洗干净，切成细丝；白萝卜去皮切丝。
2 混合白菜心与白萝卜丝，再加入白醋、酱油与白糖搅拌即可食用。

蜂蜜青汁

❀ 润肠排便＋利尿排毒

1 人份

- 热量 76.1千卡
- 蛋白质 1.4克
- 脂肪 0.4克
- 糖类 18克
- 膳食纤维 2.1克

■**材料** *Ingredients*

空心菜…50克
白萝卜…80克
蜂蜜…1大匙

■**做法** *Method*

1 将空心菜与白萝卜清洗干净，空心菜切段，白萝卜切大块。
2 把材料放入果汁机中打成蔬菜汁，加入蜂蜜调匀，即可饮用。

整肠效果分析

空心菜与白萝卜中有丰富的膳食纤维，能滋润肠道，帮助排便，同时又含有丰富的维生素C，可促进肠道消化。

萝卜炖黄豆

❀排毒润肠＋消食顺气

1 人份

■材料 *Ingredients*

白萝卜…80克
黄豆…40克
香菜…4克
葱段…2段

- 热量170.4千卡
- 蛋白质 15克
- 脂肪 6.2克
- 糖类 16.7克
- 膳食纤维 7.4克

■调味料 *Sauce*

酱油…少许

■做法 *Method*

1. 将所有材料清洗干净，白萝卜切块，香菜切碎。
2. 把所有材料放入锅中，加入适量清水煎煮，最后以酱油调味即可。

整肠效果分析

白萝卜中的木质素能消除肠道毒素，黄豆中的膳食纤维可促进肠道排便，两者一起食用，有利于润肠通便，改善便秘症状。

白萝卜咸粥

❀预防肠癌＋清热化痰

1 人份

- 热量 375.8千卡
- 蛋白质 9.0克
- 脂肪 0.7克
- 糖类 81.6克
- 膳食纤维 1.7克

■材料 *Ingredients*

白萝卜…80克
糯米…100克

■调味料 *Sauce*

盐…适量

■做法 *Method*

1. 白萝卜洗净，去皮切成小块。
2. 糯米洗净，与白萝卜一起放入锅中，加入适量清水熬煮。
3. 煮好后加入适量的盐调味即可。

整肠效果分析

白萝卜富含维生素C和吲哚类物质，具有杀菌与促进消化的作用，膳食纤维能促进肠道消化，多吃白萝卜粥，能有效预防大肠癌。

便秘特效药

甘薯叶 *Sweetpotato Leaf*

- **性质：** 性平
- **适用者：** 孕妇、便秘患者、糖尿病患者
- **不适用者：** 肾结石患者、肾脏病患者

甘薯叶保健功效

- 促进消化
- 降低血压
- 预防癌症
- 消除疲劳
- 改善便秘
- 预防心脏病
- 预防糖尿病
- 保健肠道

食疗效果

甘薯叶被认为是改善便秘最有效的蔬菜，甘薯叶中的纤维质能帮助胃肠蠕动，有效预防便秘。镁元素能维护心脏与血管健康，钙质能促进肠道酸碱平衡，有助于肠道代谢。甘薯叶所含丰富的B族维生素能消除人体疲劳，更有增进肠道有益菌的效果，并促进能量代谢。其中维生素A能保护眼睛，防止眼球细胞受到有害物质的伤害。

主要营养成分	每100克中的含量
热量	30千卡
膳食纤维	3.1克
维生素A	1.3毫克
维生素C	19毫克
钾	310毫克

医师提醒您

1. 避免生食甘薯叶，生甘薯叶中含有胰蛋白酶抑制剂，容易引发消化不良或胃肠不适，最好烹调加热后再食用。

2. 甘薯叶含有较高的草酸，烹调时最好使用热水烫过，消除过多的草酸，避免形成草酸钙而增加尿路结石的发生率。

营养师小叮咛

1. 甘薯叶含有大量的维生素A，儿童与经常使用电脑的上班族不妨多吃甘薯叶，有助于保护眼睛，以免受到有害物质的侵害。

2. 甘薯叶最省事且不失营养价值的吃法，就是将甘薯叶氽烫过，拌佐料或蘸酱油，就是一道美味爽口的料理了。

排毒成分

膳食纤维／钙、铁、磷、钾／B族维生素／维生素C

主要营养素	促进肠道健康的作用
膳食纤维	◆ 软化粪便；排毒；消除便秘；清洁肠道
钙、铁、磷、钾	◆ 利尿、排毒；促进肠道酸碱平衡 ◆ 维护心血管健康
B族维生素	◆ 增加肠道有益菌数量；促进肠道蠕动 ◆ 促进肠道代谢能力
维生素C	◆ 清洁肠道；增强肠道免疫力 ◆ 防止因紧张引起的肠道蠕动障碍 ◆ 预防食道癌

☀ 甘薯叶的整肠排毒营养素

❶ 维生素B₁

甘薯叶中含有维生素B₁，能在肠道内增加有益菌的数量，有利于增进肠道环境的健康。维生素B₁也是代谢碳水化合物的高手，使消化作用在肠道中顺畅进行。而且维生素B₁能发挥解毒功效，抑制细菌在肠道中活跃，有助于维持与改善胃肠健康，有利于排便。

❷ 维生素C

甘薯叶中含有丰富的维生素C，能发挥清洁肠道的作用，促进肠道的代谢进行。维生素C也能增强肠道的免疫力，预防肠道癌变。维生素C也能舒缓肠道压力，促进肠道蠕动正常。

❸ 膳食纤维

甘薯叶最为优质的营养素就是膳食纤维，会吸附肠道中的各种毒素，使肠道常保健康。甘薯叶的膳食纤维也能促进肠道蠕动，缩短消化过程所产生的各种酚、氨、亚硝胺等致癌物质在肠道中停留的时间，降低肠道毒素的吸收。

☀ 如何聪明吃甘薯叶

❶ 使用开水烫熟

直接将水煮沸，将甘薯叶烫熟，加入些许调味料拌匀，就能保留甘薯叶最丰富的营养素。

❷ 连同茎一起食用

很多人吃甘薯叶仅挑选叶子食用，其实甘薯叶的茎部也含有丰富的营养素与膳食纤维，不妨连同茎部一起食用，可促进肠道排毒，增强肠道的代谢能力。

❸ 搭配猪肉一起烹调

将甘薯叶与猪肉一起烹调，猪肉中的B族维生素能与甘薯叶中的维生素B₁共同作用，促进人体的代谢能力，维持肠道生态平衡与健康。

甘薯叶健肠料理

整肠效果分析

甘薯叶与冬瓜都含有丰富的膳食纤维，具有润肠通便效果，又含有丰富的钾元素，能帮助清热解毒，缓解便秘的不适症状。

甘薯叶冬瓜汤

❀ 和胃通便＋去脂消肿

1 人份

■材料 *Ingredients*

蕃薯叶···60克
冬瓜···150克
葱花···少许
姜末···少许

- 热量 37.5千卡
- 蛋白质 2.7克
- 脂肪 0.7克
- 糖类 6.4克
- 膳食纤维 3.5克

■调味料 *Sauce*

盐···适量

■做法 *Method*

① 将甘薯叶清洗干净，去柄切段。冬瓜洗干净，去皮切块。
② 油锅烧热，先将冬瓜放入锅中翻炒，加入适量的水、葱花与姜末，以小火焖煮半小时。
③ 加入甘薯叶再煮5分钟，撒上盐即可食用。

蒜香甘薯叶

❀ 润肠通便＋柔肤抗老

1 人份

- 热量 119.2千卡
- 蛋白质 8.3克
- 脂肪 6.5克
- 糖类 10.3克
- 膳食纤维 7.8克

■材料 *Ingredients*

甘薯叶···250克
大蒜···3瓣
辣椒···2个
酱油···适量
橄榄油···1小匙

■做法 *Method*

① 甘薯叶清洗干净切段。大蒜去皮拍碎。辣椒切成细末。
② 锅中放油加热，放入大蒜爆香，再加入甘薯叶及辣椒末拌炒，淋上酱油炒匀后即可。

整肠效果分析

大蒜炒甘薯叶能强化甘薯叶中的维生素B$_1$，可增加肠道有益菌数量，保持肠道健康，甘薯叶中的膳食纤维还有润肠通便的作用。

甘薯叶含有丰富的B族维生素，有助于消除疲劳，促进肠道的蠕动与消化；银鱼的钙能保持肠道酸碱平衡，可增强肠道生态健康。

甘薯叶银鱼

❀ 清血防癌＋排毒代谢

1 人份

- 热量 152千卡
- 蛋白质 29.7克
- 脂肪 2.1克
- 糖类 2.5克
- 膳食纤维 1.9克

■材料 *Ingredients*

甘薯叶…60克
银鱼…40克
大蒜…1瓣

■调味料 *Sauce*

盐…1小匙

■做法 *Method*

1. 大蒜洗净去皮拍碎。甘薯叶洗净。
2. 油锅中放入大蒜爆香后，放入甘薯叶拌炒。
3. 再放入银鱼与盐一起快速拌炒，炒熟后即可起锅。

甘薯叶豆腐羹

❀ 改善消化＋调整肠胃

1 人份

- 热量 159.4千卡
- 蛋白质 15.4克
- 脂肪 4.8克
- 糖类 16.5克
- 膳食纤维 7.6克

■材料 *Ingredients*

甘薯叶…200克
胡萝卜…30克　　豆腐…1块
水淀粉…5克　　高汤…600克

■调味料 *Sauce*

胡椒粉…少许　　香油…2克
盐…少许

■做法 *Method*

1. 将甘薯叶洗净，以沸水烫过取出，切成小段。豆腐切块，胡萝卜去皮切丁。
2. 在锅中放入高汤煮沸，加入胡萝卜、豆腐煮沸，然后加入甘薯叶。
3. 加入胡椒粉、香油与盐调味，最后放进水淀粉勾芡，即可盛出食用。

甘薯叶豆腐羹含有丰富的矿物质，能促进肠道蠕动，膳食纤维可改善消化功能，豆腐的钙质能调整肠道代谢能力，有助于保持肠道健康。

肠道清毒养生食材

山药 Common Yam

- **性质：** 性平
- **适用者：** 高血压患者、癌症患者、糖尿病患者、普通人群
- **不适用者：** 燥热型胃肠病患者

山药保健功效

- 促进消化
- 改善便秘
- 预防动脉硬化
- 预防糖尿病
- 强健胃肠
- 预防肥胖
- 止咳
- 降低血脂

食疗效果

山药自古以来就是滋补养生的食材，膳食纤维能舒缓便秘症状，治疗因为压力引起的脾胃虚弱症状。其中的黏液含有黏蛋白成分，可帮助消化，同时也能保护并滋润胃肠黏膜。黏液蛋白也能保持血管弹性，防止动脉硬化症状。皂苷成分可以补益肾脏，促进肠道消化。锗元素则能抑制癌细胞转移或增殖，有助于防癌。

主要营养成分	每100克中的含量
热量	73千卡
膳食纤维	1克
维生素C	4.2毫克
磷	32毫克
钾	370毫克

 ### 医师提醒您

1. 山药中含有雌激素，过量食用会导致子宫内膜增厚，容易导致痛经，因此要节制食用。

2. 山药中含有淀粉酶，对于促进消化很有帮助，生食山药有助于淀粉酶被人体吸收利用，并发挥良好的通便效果。

 ### 营养师小叮咛

1. 山药具有一种涩味，烹调前可将山药去皮后浸泡在醋水中以去除涩味。浸泡时间要尽量缩短，避免黏蛋白成分溶解于水中，导致营养素流失。

2. 山药中的淀粉酶容易因为长时间烹调而被破坏，建议最好生食，或采取快速烹调加热的方式。

 排毒成分

膳食纤维／镁、磷、铁、钾／维生素B1／维生素C／黏蛋白

主要营养素	促进肠道健康的作用
膳食纤维	◆ 调整胃肠；促进肠道蠕动；防止便秘
镁、磷、铁、钾	◆ 消除水肿；保持肠道酸碱平衡 ◆ 促进肠道代谢
维生素B1	◆ 增加肠道有益菌数量；促进肠道蠕动 ◆ 帮助肠道代谢多余养分
维生素C	◆ 防止食物在胃肠里形成亚硝胺致癌物 ◆ 预防食道癌；清洁肠道
黏蛋白	◆ 促进肠道的消化作用

山药的整肠排毒营养素

❶ 膳食纤维

山药的膳食纤维能促进肠道蠕动，有助于排除便秘，并调整胃肠功能，防止腹泻症状发生。膳食纤维也能降低血胆固醇，具有预防肥胖与控制血糖的作用。

❷ 黏蛋白

山药中含有独特的黏蛋白，能促进人体新陈代谢，发挥促进消化的作用；同时还能包裹住肠道内的食物与脂肪，防止食物中的糖分被肠道吸收，可抑制用餐后胰岛素分泌过多，对于血糖值的调整相当有助益。山药中的黏蛋白也能有效保护与滋润胃肠黏膜，并能预防心血管的脂肪沉积，防止动脉粥样硬化。

❸ 维生素B1

山药中含有丰富的维生素B1，能增加肠道内有益菌的数量，有利于增进肠道环境的健康。维生素B1也是代谢碳水化合物的高手，帮助肠道的消化作用顺畅进行。

如何聪明吃山药

❶ 生吃

生吃山药能完全摄取山药的营养素。加热烹调会使山药中的消化酶作用减弱，因此应尽量将山药切碎、切丝或研磨成泥生食。

❷ 与猪肉一起吃

含有蛋白质的猪肉与富含维生素C的山药一起食用，能促进胶原蛋白生成，并能增强体力，保持皮肤光泽。

❸ 加盐烹煮

将山药加入适量的盐烹调，含有钾元素的山药与食盐中的钠元素会共同作用，维持身体的酸碱平衡，有利于肠道消化作用进行。

❹ 磨泥搭配白饭食用

将山药煮熟，研磨成泥，将山药泥与白饭一起搭配食用，对于缓解腹泻很有帮助，也有助于增强肠胃机能。

山药健肠料理

整肠效果分析

　　山药粥能有效舒缓肠胃炎症状、强健脾胃，使胃肠恢复正常运作。山药中的维生素B₂能促进葡萄糖代谢，同时也能增加肠道内有益菌的数量，保持肠道健康与菌群的生态平衡。

爽口山药粥

❀ 益肠解劳＋健脾补胃

1
人份

- 热量 428千卡
- 蛋白质 10.1克
- 脂肪 3.2克
- 糖类 89.1克
- 膳食纤维 1.5克

■材料 *Ingredients*

山药…100克
大米…100克

■做法 *Method*

❶ 将山药去皮，切成小块。
❷ 大米清洗干净后，放入锅中加入清水，并加入山药一起熬煮成粥。
❸ 每天早晚各食用一次。

麦芽山药汤

❀ 整肠防癌＋补益脾胃

1
人份

- 热量 77千卡
- 蛋白质 2.3克
- 脂肪 1.3克
- 糖类 14.7克
- 膳食纤维 1.3克

■材料 *Ingredients*

土豆…50克
山药…50克
麦芽…15克

■调味料 *Sauce*

盐…少许

■做法 *Method*

❶ 将所有材料洗干净，土豆与山药去皮切块。
❷ 把土豆与山药放入锅中，加入麦芽与适量清水煮成汤，再加点盐调味，即可食用。

整肠效果分析

　　山药含有消化酶，具有卓越的代谢效果，能清除堆积在肠道内的毒素废物，防止便秘发生。而麦芽能促进食欲，对脾胃虚弱、饱食胀痛的人有显著的功效。

山药豌豆泥

❀ 补脾固肾＋止痢解毒

1 人份

■材料 *Ingredients*

山药…200克
豌豆…200克

■调味料 *Sauce*

白糖…30克
猪油…10克

- 热量 684.3千卡
- 蛋白质 28克
- 脂肪 15.3克
- 糖类 116.6克
- 膳食纤维 19.2克

■做法 *Method*

① 山药洗净，放入沸水中煮熟，取出去皮并捣成泥状。豌豆煮软捣成泥状分别盛碗。

② 将猪油放入锅中烧热，放入山药泥与白糖一起拌炒，将水分炒干后，再加入些许猪油炒成疏松状。

③ 再用同样方法炒豌豆泥，炒好后将山药泥淋在豌豆泥上，盛盘食用。

整肠效果分析

山药与豌豆都含有大量膳食纤维，能有效滋润肠道，缓解便秘症状。山药含有独特的黏蛋白，能阻止糖分被肠道吸收，可抑制用餐后胰岛素分泌过量，有助于调整血糖值。

山药莲子粥

❀ 益胃健肠＋补血缓泻

1 人份

■材料 *Ingredients*

莲子…30克
桂圆…30克
糯米…100克
山药…100克

- 热量 648.9千卡
- 蛋白质 18.9克
- 脂肪 3.4克
- 糖类 138.3克
- 膳食纤维 4.9克

■调味料 *Sauce*

冰糖…10克

■做法 *Method*

① 将莲子浸在水中泡软。糯米清洗干净。山药去皮切块。

② 糯米加上莲子放入适量清水，以大火煮沸，再改以小火熬煮约一小时。

③ 加入山药与桂圆一起煮，充分煮软后，再加入冰糖调味即可食用。

整肠效果分析

山药能促进肠道消化；桂圆可滋补胃肠，促进血液循环，帮助新陈代谢；糯米能改善造血机能，有助于增强胃肠功能，使肠道恢复健康。

营养价值超高

豌豆 *Pea*

- **性质：**性平
- **适用者：**普通人群、更年期女性
- **不适用者：**多食易腹胀者

豌豆保健功效

- 促进消化
- 改善便秘
- 降低血压
- 舒缓更年期症状
- 预防癌症
- 抗衰老
- 降低胆固醇
- 预防糖尿病

食疗效果

豌豆是一种营养价值相当高的豆类蔬菜，豌豆所含的蛋白质与矿物质比其他的豆类要高。多种矿物质成分可促进胃肠的消化，丰富的蛋白质也能滋补胃肠，具有保持体内代谢功能与调节酸碱平衡的作用。豌豆中含高钾低钠，对保护心血管有益，并且具有利尿、消肿作用，是糖尿病与水肿患者的有益食物。

主要营养成分	每100克中的含量
热量	167千卡
膳食纤维	2.3克
维生素A	0.1毫克
维生素C	55毫克
维生素B$_1$	0.15毫克

 ### 医师提醒您

1. 豌豆是一种温和的豆类，对于胃肠虚弱的人而言，是合适的营养食物。
2. 如果吃得太多，小心会有腹胀现象。

 ### 营养师小叮咛

1. 豌豆中含有豆类皂苷成分，如果没有煮熟食用，容易引起腹泻症状，宜将豌豆煮熟再食用。
2. 豌豆所含丰富的B族维生素与维生素C，容易因长时间烹调而流失，要避免长时间加热。煮汤也有助于保留维生素。

 排毒成分

膳食纤维／维生素C／胡萝卜素／维生素B$_1$／酶

主要营养素	促进肠道健康的作用
膳食纤维	◆ 软化粪便；排毒 ◆ 消除便秘
维生素C	◆ 防止食物在胃肠里形成亚硝胺致癌物 ◆ 预防食道癌；预防胃癌
胡萝卜素	◆ 优质的抗氧化能力
维生素B$_1$	◆ 增加肠道有益菌数量 ◆ 促进肠道生态健康平衡
酶	◆ 预防癌症

豌豆的整肠排毒营养素

❶ 膳食纤维

豌豆中的膳食纤维很丰富，能促进肠道消化，缓解便秘症状；膳食纤维也能帮助降低胆固醇，有效预防高血压。

❷ 酶

豌豆中含有一种酶，属于防癌酶，有助于分解肠道内的亚硝胺，防止肠道发生致癌病变。

❸ 胡萝卜素

豌豆中含有胡萝卜素，可保护肠道不受致癌细胞的侵袭，多摄取胡萝卜素能抑制癌细胞生成，具有优质的抗氧化能力，可保护身体免于自由基的侵害。

❹ 维生素C

豌豆中也含有丰富的维生素C，可清洁肠道，促进肠道消化，消除肠道老废细胞，促进新陈代谢。豌豆中的维生素C，能有效抵抗坏血病的发生，阻断致癌物质的形成，有效提高身体的免疫功能，帮助抗氧化，发挥一定的防癌效果。

豌豆这样吃最好!

✔ **与鸡蛋一起吃**	鸡蛋中的维生素E，与豌豆中的维生素A、维生素C能共同发挥抗氧化作用，有助于延缓衰老，并增强肠道的免疫力，防止肠道癌变。	
✔ **豌豆苗也很优质**	豌豆不仅豆仁本身富有营养，就连豆苗也是营养的宝库。豌豆苗中含有大量矿物质，适合作为生鲜沙拉食材食用。	
✔ **与糙米一起食用**	糙米含有维生素E，与含有类胡萝卜素的豌豆一起食用，能共同发挥抗氧化作用，降低致癌的概率。	
✔ **煮成豌豆汤**	要完整保留豌豆中的维生素与矿物质，最好的方式就是烹调成豌豆汤或烩豌豆，与汤汁一起食用，这样便可同时摄取豌豆的膳食纤维与汤汁中的水溶性维生素。	

注意事项 豌豆和醋酸类食物不宜同煮

烹调豌豆要避免与醋酸类食物一起烹煮，因为醋酸类与豌豆中的蛋白质结合时，很容易引起消化不良现象，甚至引起胀气症状。

豌豆健肠料理

整肠效果分析

　　豌豆具有强健脾胃的功效，能有效防止胃肠疲弱引起的腹胀与腹痛。豌豆中含有丰富的膳食纤维，能有效整肠、改善便秘症状，清除肠道毒素，代谢废物。

香蒜青豆沙拉

✿ 镇痛整肠＋益脾健胃

■**材料** *Ingredients*

豌豆…50克
玉米…30克
洋葱…1/4个
大蒜…1瓣

- 热量 334.1千卡
- 蛋白质 7.8克
- 脂肪 21.3克
- 糖类 30.5克
- 膳食纤维 6.6克

■**调味料** *Sauce*

橄榄油…4小匙
柠檬汁…半个

■**做法** *Method*

① 豌豆加水煮软取出。
② 洋葱切成细碎状，大蒜磨成蒜泥。将橄榄油与柠檬汁混合均匀后，加入蒜泥，做成橄榄柠檬酱汁。
③ 将豌豆与玉米混合，放上洋葱，最后淋上橄榄柠檬酱汁，即可食用。

洋葱豆香饭

✿ 延缓衰老＋抗菌消炎

1 人份

- 热量 478.2千卡
- 蛋白质 13.6克
- 脂肪 3.6克
- 糖类 97.9克
- 膳食纤维 8.1克

■**材料** *Ingredients*

洋葱…半个
糙米…240克
豌豆…40克

■**调味料** *Sauce*

盐…适量

■**做法** *Method*

① 洋葱洗净切碎。
② 将糙米与豌豆清洗干净。
③ 把糙米与豌豆、洋葱放入电饭锅中，加入1杯半的水，再加上少许盐，盖上锅盖，按下开关，直接煮成饭即可。

整肠效果分析

　　豌豆具有强健脾胃的功效，糙米能促进肠道蠕动，多吃豌豆饭能发挥抗氧化作用，降低致癌的概率，并预防肠道细菌感染，有卓越的健胃效果。

整肠效果分析

豌豆麦片粥

❀ 健胃开脾＋改善便秘

1
人份

● 热量 574千卡
● 蛋白质 20.8克
● 脂肪 4.0克
● 糖类 113.5克
● 膳食纤维 25.2克

■材料 *Ingredients*

豌豆…80克
麦片…120克

■做法 *Method*

① 将豌豆清洗干净。
② 豌豆与麦片一起放入锅中，加入适量清水熬煮成粥。

豌豆含有丰富的纤维质，能帮助代谢毒素，具有清除肠道废物的作用，帮助降低便秘发生的几率。丰富的B族维生素可促进脂肪与糖类代谢，增加肠道内有益菌数量，促进肠道蠕动。

青豆鲜蔬汤

❀ 清除宿便＋高纤清胃

1
人份

■材料 *Ingredients*

胡萝卜…1根　芹菜…10克
土豆…1个　　洋葱…1个
豌豆…20克　高汤…适量

● 热量 336.1千卡
● 蛋白质 11.6克
● 脂肪 2.3克
● 糖类 69.1克
● 膳食纤维 12克

■调味料 *Sauce*

盐…适量

■做法 *Method*

① 将所有材料洗净，去皮切块。
② 把所有蔬菜放入锅中，加入高汤以大火烧煮。
③ 煮沸后改成小火煮，直到蔬菜都煮软后，加入盐调味，即可食用。

整肠效果分析

胡萝卜、土豆与豌豆皆能提供丰富的纤维素，能帮助消除宿便。丰富的维生素与矿物质能促进肠道消化，有效改善小腹突起现象。

叶子比菜茎更营养

芹菜 *Celery*

- **性质：** 性寒
- **适用者：** 高血压患者、肥胖患者
  高脂血症患者、心脏病患者
- **不适用者：** 消化性溃疡、慢性肾脏病患者

芹菜保健功效

- ●促进消化
- ●强健胃肠
- ●治疗高血压
- ●保护与清洁血管
- ●改善便秘
- ●预防肥胖
- ●利尿消肿
- ●镇静安眠

食疗效果

芹菜最为著名的就是富含粗纤维，可帮助润肠通便，排除肠道毒素。芹菜纤维能增加饱腹感，还能控制体重，预防肥胖。芹菜中的钾能调理血压，并具良好的利尿效果。其中所含的芹子烯能安抚大脑的中枢神经，有助于改善失眠。芹菜更具清热解毒的疗效，促进唾液胃液的分泌，因此有促进消化、增加食欲的功能。

主要营养成分	每100克中的含量
热量	17千卡
钙	66毫克
维生素A	0.07毫克
维生素C	7毫克
钾	320毫克

医师提醒您

1. 芹菜含有芳香精油成分，能安定情绪，帮助安眠。将放在热水中浸泡过的芹菜敷在皮肤上，也能充分安抚疼痛疲劳的肌肉，并有效温热身体，改善身体冰冷症状。
2. 芹菜含有丰富的膳食纤维，肠胃机能比较虚弱或有消化性溃疡的人要避免过量食用，以免引发肠道绞痛或肠胃不适。

营养师小叮咛

1. 芹菜的叶子含有丰富的膳食纤维与维生素，建议烹调时不要将叶子丢弃，完整地摄取整株芹菜，更能有效改善肠道健康。
2. 芹菜中的香气能溶解于油脂中，建议烹调芹菜时加油快炒，使芹菜的香气更容易被人体吸收。

排毒成分

膳食纤维 / 维生素C / 钾 / 芳香成分 / 胡萝卜素

主要营养素	促进肠道健康的作用
膳食纤维	◆ 软化粪便；排毒 ◆ 消除便秘；调节血压
维生素C	◆ 防止食物在胃肠里形成亚硝胺致癌物质 ◆ 预防食道癌；预防胃癌
钾	◆ 利尿；调节血压；消除疲劳
芳香成分	◆ 舒缓压力，改善肠道蠕动状态
胡萝卜素	◆ 抑制致癌物质

※ 芹菜的整肠排毒营养素

❶ 膳食纤维

芹菜所含的丰富粗纤维是消除便秘的大功臣，无法溶解于水中的膳食纤维能在肠道中吸收水分，扩充粪便体积，并有效蠕动肠道，帮助排便。芹菜的膳食纤维也是调节血压的好帮手，有助于清理血管，改善血压居高不下的困扰。芹菜的膳食纤维，可形成饱腹感而帮助抑制食量，有助于减肥，同时还可阻止糖类被人体吸收。

❷ 钾

芹菜中的钾能有效排除体内多余的钠，具有很卓越的利尿作用，使尿酸随着人体的尿液排出体外。芹菜中的钾也有助于降低血压，高血压患者可适量食用。

❸ 芳香成分

芹菜中的芳香精油，能缓解压力，改善肠道蠕动状态。

芹菜这样吃效果最好

Good for you

✔ 芹菜＋山药＝促进消化

营养配对：山药含有丰富的黏蛋白，可以促进消化；芹菜的纤维则具有通便效果，两者搭配一起食用，能提高肠道消化力，帮助防止便秘发生。

✔ 芹菜＋橄榄油＝预防癌症

营养配对：橄榄油中的维生素E能舒缓肠道的紧张；不饱和脂肪酸能促进肠道蠕动，与含有胡萝卜素的芹菜一起食用，能增强人体抵抗力，防止癌症发生。

✔ 芹菜＋香菇＝消肿利尿

营养配对：香菇含有膳食纤维与矿物质，与含有钾元素的芹菜一起烹调食用，有助于消除身体水肿、利尿解毒，也能促进肠道消化。

✔ 芹菜＋猪肉＝增强体力

营养配对：猪肉中含有丰富的维生素B_1与蛋白质，而芹菜富含维生素C，两者一起烹调食用，能共同增强体力，使人精神饱满、体力充沛。

注意事项 芹菜叶比根茎更营养

芹菜叶所含的营养元素比根茎部位还多，含有更丰富的膳食纤维与芳香成分。处理芹菜时不要将芹菜叶丢弃，可放入蔬菜汤中一起烹调，能发挥健胃整肠作用，也有助于消除疲劳。

芹菜健肠料理

整肠效果分析

芹菜含有丰富的钾元素，可帮助调节血压；而芹菜与红枣所含的维生素与膳食纤维能促进肠道蠕动，预防与改善因为肠道毒素引起的高血压症状。

香芹红枣茶

❀ 降压保肝＋清毒防癌

1 人份

- 热量 151.5干卡
- 蛋白质 3.0克
- 脂肪 0.6克
- 糖类 34.3克
- 膳食纤维 6.3克

■**材料** *Ingredients*

红枣…20颗
芹菜…150克

■**做法** *Method*

① 将芹菜洗干净，切段。
② 在锅中放入适量的清水，将芹菜与红枣一起放进去，煎煮成茶饮即可饮用。

香醋西芹

❀ 高纤清血＋瘦身美肤

1 人份

- 热量 79干卡
- 蛋白质 0.5克
- 脂肪 5.2克
- 糖类 8.1克
- 膳食纤维 1.2克

■**材料** *Ingredients*

西芹…120克

■**调味料** *Sauce*

醋…3大匙
白糖…1小匙
酱油…适量
香油…少许

■**做法** *Method*

① 将西芹清洗干净，摘去叶片，茎部切成段。
② 把西芹放入盘中，将所有调味料混合拌匀后直接淋于芹菜上，即可食用。

整肠效果分析

芹菜中含有丰富的粗纤维，能清除肠道中的毒素，并有效洁净血液，使皮肤保持光滑，有效改善面疱症状。芹菜中的芳香成分，能缓解肠道的紧张状态。

整肠效果分析

芹菜中含有丰富的粗纤维，具有卓越的消化功能，能促进肠胃蠕动；苹果则有助于改善胃肠疲弱引起的消化不良症状。芹菜苹果汁能调补胃肠功能，有效健胃，并改善消化不良症状。

绿芹苹果汁

❀ 助消化＋促进肠胃蠕动

1 人份

- 热量 86.9千卡
- 蛋白质 0.8克
- 脂肪 0.4克
- 糖类 22.3克
- 膳食纤维 3.5克

■材料 *Ingredients*

芹菜…2段
苹果…1个

■做法 *Method*

① 苹果去皮切块，芹菜洗净切段。
② 将苹果块与芹菜段放入果汁机中打成果汁，即可饮用。

银芽炒翠芹

1 人份

❀ 消脂清血＋排毒通便

- 热量 118.6千卡
- 蛋白质 6.7克
- 脂肪 6.1克
- 糖类 12.4克
- 膳食纤维 4.2克

■材料 *Ingredients*

芹菜…50克
胡萝卜…250克
豆芽…200克

■调味料 *Sauce*

酱油…1小匙　　醋…1小匙
香油…1小匙

■做法 *Method*

① 将芹菜洗干净，切丝；豆芽与胡萝卜洗干净备用，胡萝卜切丝。
② 在锅中放入食用油烧热，放入芹菜、胡萝卜丝与豆芽一起拌炒，然后再加入酱油翻炒。
③ 加入香油与醋调味，并放入香菜，拌炒3分钟，即可起锅。

整肠效果分析

芹菜富含膳食纤维，能清洁肠道，胡萝卜中的维生素C可促进消化作用，芹菜具清洁血管的作用，能帮助排除体内的毒素与废物。

疏通肠道清道夫

魔芋 *Konnyaku*

- **性质：** 性平
- **适用者：** 高血压、肥胖症、结肠癌患者，
  肠胃消化不良者
- **不适用者：** 急性肠胃炎患者

魔芋保健功效

- ●促进消化
- ●降低胆固醇
- ●预防肥胖
- ●美容养颜
- ●改善便秘
- ●调节血糖值
- ●代谢胆固醇
- ●保护心血管

食疗效果

魔芋由魔芋薯研磨成粉，并加入碱与水加热制成，其中最重要的营养素就是葡甘聚糖，能吸收肠道的废物，发挥排毒作用。其中丰富的膳食纤维也能降低血糖，抑制胆固醇吸收，有效预防心血管疾病，并防止血压攀升。由于魔芋的成分有97%是水分，几乎不含热量，吸水性强，黏度大，膨胀率高，故可增加肠胃饱腹感，进而有效控制体重，预防肥胖。

主要营养成分	每100克中的含量
热量	20千卡
膳食纤维	3克
蛋白质	0.01毫克
糖类	2.6毫克

医师提醒您

1. 魔芋本身没有任何味道，烹调时要避免加入过多糖分与油脂，以免无法发挥魔芋代谢热量与排毒的功效。

2. 魔芋本身除了水溶性膳食纤维外，其他的营养价值如矿物质与维生素，很容易在加工处理过程中流失，因此食用魔芋时，最好与其他食物一起搭配食用。

营养师小叮咛

1. 魔芋具有代谢胆固醇的功效，烹调肉类时不妨放入魔芋一起烹煮，能有效抑制胆固醇被人体吸收。

2. 魔芋因为含有碱物质，烹调前建议使用沸水烫熟，或使用盐揉搓过后再烹调，以去除魔芋中的涩味。

排毒成分

葡甘聚糖／束水凝胶纤维／钙、磷、钾、镁、锌／维生素B₆

主要营养素	促进肠道健康的作用
葡甘聚糖	◆调整胃肠；有利于有益菌繁殖 ◆增强肠道免疫力
束水凝胶纤维	◆软化粪便；排毒 ◆消除便秘；代谢胆固醇
钙、磷、钾、镁、锌	◆促进能量代谢 ◆保持肠道酸碱平衡 ◆利于肠道消化
维生素B₆	◆增加肠道有益菌；促进肠道蠕动

☀ 魔芋的整肠排毒营养素

❶ 葡甘聚糖

魔芋中含有丰富的葡甘聚糖，这是一种具有黏性的水溶性纤维质，在肠道中吸收附着于肠壁的宿便与杂质，彻底将毒素清除至体外，是肠道的清道夫，能缓解便秘症状，预防结肠癌发生。葡甘聚糖也能有效干扰癌细胞的代谢，当魔芋进入人体肠道后，葡甘聚糖就在肠壁形成半透明膜，阻碍致癌物、有害毒物及重金属的侵袭，进而达到解毒、防癌的效果。

❷ 束水凝胶纤维

魔芋含有一种束水凝胶纤维，能加速排除肠道内的重金属物质，帮助食物从肠道中快速排空。魔芋的束水凝胶纤维也能促进肠道蠕动，加速清空肠道中的毒素，保持肠道清爽，减少肠道发生致癌的概率。

❸ 钙

魔芋中含有一定量的钙元素，人体摄取后，魔芋中的钙质很容易溶解并被人体吸收，利于保持肠道中的酸碱平衡，帮助肠道进行消化代谢，同时也能抵抗病毒入侵。

魔芋这样吃最好!

✔	搭配红豆	低热量又高纤的魔芋，很适合与红豆一起烹调成汤品。红豆中的高纤维与钾元素，能清除肠道毒素、消除水肿；而魔芋能促进肠道蠕动。多吃红豆魔芋汤，也有助于控制血糖值。
✔	与蔬菜一起烹调	魔芋很适合与各种蔬菜（如芹菜、胡萝卜、香菇或玉米）一起清炒或凉拌，蔬菜中的多种维生素与矿物质能补充魔芋中不足的维生素，而魔芋中的膳食纤维又能与蔬菜中的粗纤维共同作用，增强人体肠道的代谢能力。
✔	制成面条	将魔芋面作为正餐的面条，与大量蔬菜一起烹调成蔬菜魔芋面，能充分补足人体对于膳食纤维的需求，又能避免摄入传统面条中的热量。

注意事项 吃新鲜的魔芋比加工过的好

最好食用新鲜的魔芋条，避免食用市面上现成的魔芋干。由于魔芋干在加工过程中，已经添加许多糖分和盐分，会增加热量，对于代谢消化功能没有帮助，反而可能摄取到不必要的热量。

魔芋健肠料理

魔芋糙米粥

❀ 整肠健胃＋排毒消脂

1人份

- 热量 409.1千卡
- 蛋白质 7.5克
- 脂肪 2.8克
- 糖类 87.2克
- 膳食纤维 15.6克

■材料 *Ingredients*

魔芋…180克
糙米…100克

■做法 *Method*

① 魔芋切成小块，糙米清洗干净。
② 将糙米与魔芋块一起放入锅中，加入适量清水熬煮成粥。

整肠效果分析

　　魔芋具有很好的通肠效果，糙米能健胃并促进肠道蠕动，多吃魔芋糙米粥能防止便秘，增强肠道免疫力，防止肠道出现病变。而且这一道料理热量低，并可以增加胃肠的饱腹感，很适合想要瘦身的人士食用。

凉拌香芹魔芋

❀ 清肠瘦身＋降压益胃

1人份

■材料 *Ingredients*

魔芋…90克
芹菜…2根
大蒜…2瓣

- 热量 186.2千卡
- 蛋白质 0.4克
- 脂肪 15.1克
- 糖类 13.3克
- 膳食纤维 7.3克

■调味料 *Sauce*

白醋…1大匙　　酱油…1大匙
橄榄油…1大匙　　白糖…1小匙

■做法 *Method*

① 将魔芋切块，芹菜切段。
② 把这两种材料放入沸水中烫熟后取出。
③ 大蒜去皮切碎，将上列所有调味料混合为酱汁后加入大蒜末。
④ 将魔芋与芹菜盛盘，淋上调制好的酱汁即可食用。

整肠效果分析

　　魔芋含有非常丰富的膳食纤维，芹菜则具有卓越的通肠效果，两者调配而成的凉拌菜，能发挥润肠通便和调降血压的作用。

魔芋排毒粥

❀ 降胆固醇＋洁净肠道

1人份

■材料 *Ingredients*

魔芋…100克
黄豆…30克
大米…80克

● 热量 429.8千卡
● 蛋白质 17.4克
● 脂肪 5.3克
● 糖类 78.7克
● 膳食纤维 12.5克

■调味料 *Sauce*

盐…少许

■做法 *Method*

① 将魔芋清洗干净，切成大块。
② 黄豆洗净，放入水中浸泡半天。
③ 锅中放入清水与大米，以大火熬煮，煮沸时加入黄豆以小火煮约10分钟。
④ 加入魔芋一起煮约5分钟后，加盐调味，即可食用。

整肠效果分析

魔芋中含有丰富的膳食纤维，能增加饱腹感，有助于代谢毒素与脂肪；黄豆能帮助降低胆固醇，膳食纤维能促进肠道毒素代谢，多吃这道粥能保持肠道干净健康。

芋香魔芋煮

1人份

❀ 助消化＋改善便秘

● 热量 415.6千卡
● 蛋白质 4.7克
● 脂肪 1.9克
● 糖类 84.2克
● 膳食纤维 13.8克

■材料 *Ingredients*

魔芋…120克　　芋头…150克
白萝卜…120克

■调味料 *Sauce*

味噌酱…4大匙　　白糖…2大匙
料酒…2大匙　　　蒜泥…1大匙

■做法 *Method*

① 将魔芋切成大块；白萝卜与芋头清洗干净，去皮切成大块。
② 将芋头与魔芋分别放入沸水中烫过，取出备用。
③ 锅中放入味噌酱、白糖及料酒，倒入2杯水，再放入切好的魔芋、白萝卜与芋头一起烧煮。
④ 入味煮沸时，加入蒜泥以小火再煮3分钟，即可熄火食用。

整肠效果分析

魔芋中的天然纤维成分能帮助肠道蠕动；芋头的黏滑成分能润肠通便；白萝卜则有软化粪便的效果，多吃这道菜能改善肠道不适症状。

明星营养食物

燕麦 *Oat*

- **性质：** 性平
- **适用者：** 便秘者、高血压患者、慢性病患者、中老年人
- **不适用者：** 肾脏功能不佳者
  对麸类食物敏感者

燕麦保健功效

- 促进消化
- 改善便秘
- 抗衰老
- 保护心血管
- 镇定情绪
- 保护骨骼

食疗效果

燕麦是当今养生保健最受欢迎的明星食物。燕麦富含膳食纤维，能发挥润肠通便的作用，有效吸收肠道中的毒素，防止便秘发生。

燕麦也含有人体必需的亚油酸，能调节人体血脂；燕麦更能在胃肠中形成饱腹感，有抑制食欲的效果，也能改善肥胖引起的便秘现象，是适合减肥者的健康食物。

主要营养成分	每100克中的含量
热量	410千卡
维生素E	5.8毫克
维生素B$_6$	0.03毫克
维生素B$_1$	0.47毫克
钙	39毫克

医师提醒您

1. 经常吃加工食品与零食的人，最好早餐多吃燕麦粥。因为加工食品与零食中的钠含量过高，而燕麦粥含有丰富的钾，能保持人体钾钠平衡。

2. 对于体力较差或活动较少的人，由于气血不活，容易引发便秘，吃燕麦粥能帮助体弱者改善便秘症状。

营养师小叮咛

1. 燕麦中因含有丰富的膳食纤维，虽然能改善肠道健康，但若过量食用，也很容易引发腹胀或胃痉挛，每餐的食用量最好不要超过75克。

2. 燕麦中的植酸含量较高，如大量食用会阻碍人体对钙、铁、磷等矿物质的吸收，影响肠道中矿物质的代谢平衡。

排毒成分

膳食纤维／维生素E／维生素B$_6$／钙、铁、磷、钾／亚油酸

主要营养素	促进肠道健康的作用
膳食纤维	◆ 软化粪便；排毒；消除便秘 ◆ 清除胆固醇；控制血糖值
维生素E	◆ 利尿、排毒 ◆ 促进肠道蠕动 ◆ 抑制肠道致癌物形成
维生素B$_6$	◆ 促进糖类代谢；帮助肠道蠕动
钙、铁、磷、钾	◆ 维持肠道酸碱平衡；促进肠道代谢 ◆ 帮助消化吸收
亚油酸	◆ 调节血脂

燕麦的整肠排毒营养素

❶ 膳食纤维

燕麦中含有丰富的膳食纤维，其中可溶性纤维就约占一半，能在肠道中大量吸收水分，并吸附毒素废物，形成粪便排出体外。燕麦中的可溶性纤维也能降低胆固醇，促使胆酸排出体外，使血管保持清澈，防止心血管疾病发生。可溶性纤维也能减缓肠道对于糖类的吸收，能抑制血糖上升，有效预防糖尿病。

❷ 维生素B6

燕麦中含有丰富的维生素B6，能促进肠道蠕动，发挥滋润肠道的重要功效。维生素B6也能有效增加肠道中的有益菌数量，有助于维持肠道中的菌群平衡，有效维护肠道的健康。

❸ 维生素E

燕麦中也含有维生素E，可有效地清除自由基，调节自主神经，协助控制肠道运动，使得肠道的蠕动更为活跃。维生素E能抑制肠道内部致癌物的形成。

❹ 亚油酸

燕麦中丰富的亚油酸是对抗胆固醇的大功臣，可以有效调节血脂，避免心血管疾病发生。

燕麦这样吃效果最好

Good for you

✔ 燕麦＋海藻＝提高抗氧化力

营养配对：海藻中丰富的硒元素，与燕麦中的维生素E共同结合，两者一起食用，能发挥强大的抗氧化作用，增强免疫力，常保身体健康。

✔ 燕麦＋香菇＝防癌抗老

营养配对：香菇中的维生素D，与燕麦中的丰富维生素E可共同发挥效果，具有防癌、抗衰老作用。

✔ 燕麦＋胡萝卜＝防癌

营养配对：胡萝卜中丰富的维生素C与维生素A，能与燕麦中的维生素D一起发挥作用，成为预防癌症的黄金组合。

✔ 燕麦＋南瓜＝活络肠道

营养配对：南瓜中的维生素A与维生素E，能与燕麦中的维生素E起协同增强作用，帮助肠道蠕动，使肠道有活力，促进通便。

燕麦健肠料理

整肠效果分析

橙子中的维生素C能清洁肠道，苹果的果胶能促进肠道蠕动，燕麦中的可溶性纤维能吸收肠道毒素，防止肠道病变。

水果燕麦粥

❀ 排毒纤体＋清肠通便

1
人份

● 热量 595.8千卡
● 蛋白质 20.8克
● 脂肪 11.8克
● 糖类 102.6克
● 膳食纤维 9.2克

■材料 *Ingredients*

苹果…半个
橙子…1个
燕麦片…100克
牛奶…1杯

■做法 *Method*

① 将燕麦片加入牛奶煮沸，制成燕麦粥，然后稍微放凉。
② 苹果与橙子去皮切丁，加到燕麦粥里面，即可食用。

红枣燕麦饭

❀ 滋补整肠＋延缓衰老

1
人份

● 热量 447.8千卡
● 蛋白质 10.7克
● 脂肪 5.6克
● 糖类 87.6克
● 膳食纤维 4.9克

■材料 *Ingredients*

燕麦…50克
红枣…15粒
大米…50克

■做法 *Method*

① 将燕麦清洗干净，浸泡在水中2小时。
② 大米洗净，红枣洗净去核。
③ 所有材料放入电锅，加水约220毫升，按下电锅开关烹煮成饭，即可食用。

整肠效果分析

燕麦的膳食纤维能刺激肠道蠕动，红枣则能滋补肠道，两者一起食用，能增强肠道免疫力，预防肠道病变。

燕麦葡萄干甜粥

❀补肝益血＋整肠利便

1
人份

- 热量 572.8千卡
- 蛋白质 13.1克
- 脂肪 10.6克
- 糖类 110.8克
- 膳食纤维 8.1克

■**材料** *Ingredients*

燕麦片…100克
葡萄干…50克

■**调味料** *Sauce*

白糖…1小匙

■**做法** *Method*

❶ 将燕麦片放入锅中，加入水与葡萄干，以大火烧煮。
❷ 煮沸后改以小火烧煮约20分钟，再次煮沸时，加入白糖调味即可。

整肠效果分析

　　燕麦中的膳食纤维与矿物质成分，能调整胃肠，保持消化顺畅；葡萄干具有补益作用，可帮助血液循环，有助于肠道代谢顺畅进行。

南瓜麦片粥

❀高纤降糖＋缓解便秘

1
人份

- 热量 639.6千卡
- 蛋白质 19克
- 脂肪 14.4克
- 糖类 109.7克
- 膳食纤维 9.2克

■**材料** *Ingredients*

南瓜…120克
燕麦片…140克

■**做法** *Method*

❶ 南瓜清洗干净，切成小块。
❷ 将南瓜放入锅中，加入清水煮至半熟。
❸ 在南瓜锅中加入燕麦片搅拌均匀，再煮约10分钟，即可食用。

整肠效果分析

　　燕麦与南瓜都含有丰富的膳食纤维，能促进肠道蠕动，缓解便秘症状；同时也能控制血糖，有助于调整血糖值。

美容排毒

薏米 *Coix Seed*

- **性质：** 性微凉
- **适用者：** 体质虚弱者、普通人群、糖尿病患者、心脏病患者、癌症患者
- **不适用者：** 消化功能不佳者、孕妇

薏米保健功效

- 改善便秘
- 改善骨质疏松
- 降低血糖
- 解毒利尿
- 消除水肿
- 预防癌症
- 美容养颜
- 抑制肠道细菌

食疗效果

薏米自古就是优良的解毒食物，丰富的纤维质可以吸附胆汁中专门负责消化脂质的胆盐，阻碍肠道吸收食物中的油脂，代谢多余的脂肪与毒素。

薏米所含的丰富维生素，可促进血液循环，钾元素能有效利尿，排除身体多余的水分。硒元素更使其发挥卓越的防癌效果，能有效抑制癌细胞繁殖，减少癌症发病率。

主要营养成分	每100克中的含量
热量	373千卡
膳食纤维	1.4克
维生素B_1	0.39毫克
钾	291毫克
镁	169毫克

医师提醒您

1. 薏米具有温和的滋补作用，可以促进新陈代谢，也能减少胃肠负担；因此非常适合作为身体虚弱或病后调养复原的滋补食物。
2. 怀孕中的妇女要避免食用薏米，因为薏米容易使子宫内的羊水减少，尤其怀孕初期应该避免食用。

营养师小叮咛

1. 薏米是高纤维且具有利水效果的食物，能帮助人体排出更多水分，为避免身体钾钠离子失衡，每餐建议的食用量以50～100克为宜。
2. 薏米所含的糖类黏性较高，所以吃太多可能会妨碍消化，消化系统不佳者应谨慎食用。

排毒成分

膳食纤维 / 钾、钙、硒 / 维生素B_1 / 薏苡素

主要营养素	促进肠道健康的作用
膳食纤维	◆ 软化粪便；排毒；消除便秘
钾、钙、硒	◆ 排除多余水分；消肿 ◆ 促进肠道酸碱平衡；有利于肠道消化 ◆ 清洁血液；降低血糖值
维生素B_1	◆ 促进能量代谢；分解毒素 ◆ 代谢乳酸；滋润内脏器官
薏苡素	◆ 促进新陈代谢；降低血压 ◆ 调节血脂

薏米的整肠排毒营养素

❶ 维生素B1

薏米含有丰富的维生素B1，能增加肠道
内有益菌的数量，有利于增进肠道环境
健康。维生素B1也是代谢碳水化合物
的高手，能让肠道中的消化作用顺畅进
行。薏米中的维生素B1还可以发挥解毒
作用，抑制细菌在肠道中的活力，有助
于维持与改善胃肠健康，并利于排便。

❷ 膳食纤维

薏米所含的膳食纤维是帮助肠道排毒的清道夫，能使粪便柔软，避免粪便干燥坚
硬，有助于改善便秘症状。多吃薏米也能帮助清除肠道内的宿便和毒素。

❸ 硒元素

薏米中的硒元素具有抗氧化作用，能有效清洁血液，帮助降低血糖值。

❹ 薏苡素

薏米含有独特的薏苡素以及精氨酸、赖氨酸等成分，可促进新陈代谢，将肠道中
的毒素废物排出体外，增强肠道的免疫力，防止肠道致癌。

如何聪明吃薏米

❶ 煮成薏米汤

将薏米加入清水煮软，可加入少许糖，
直接饮用薏米水并食用薏米，能充分摄
取薏米的整肠排毒营养素，同时也能摄
取薏米中丰富的膳食纤维。

❷ 与红豆一起烹调

红豆含有非常丰富的叶酸与铁质，若与
含有丰富维生素B6的薏米一起食用，可
以帮助人体提振食欲，有助于促进肠胃
的消化与蠕动，使肠道消化作用更为顺畅。薏米与红豆共同食用，还有助于预防
贫血。

薏米健肠料理

整肠效果分析

糙米中含有多种矿物质与维生素，能促进消化，薏米具有健胃作用，两者一起饮用，可消除因消化不良引起的腹胀和不适。

薏米糙米茶

❀ 健胃整肠＋美白退火

1 人份

- 热量 43.6千卡
- 蛋白质 1.3克
- 脂肪 0.6克
- 糖类 8.1克
- 膳食纤维 0.2克

■材料 *Ingredients*

糙米…6克
薏米…6克

■做法 *Method*

① 将糙米与薏米洗净放入杯中。
② 以沸水冲泡，约5分钟后，即可饮用。

山药薏米粥

❀ 舒缓肠道紧张＋促进新陈代谢

1 人份

- 热量 733.5千卡
- 蛋白质 25.2克
- 脂肪 7.4克
- 糖类 141.1克
- 膳食纤维 4.6克

■材料 *Ingredients*

山药…80克
薏米…60克
莲子…30克
大米…100克

■做法 *Method*

① 将莲子、薏米放进开水中泡软。
② 山药去皮切成小块。
③ 将山药、莲子与薏米放入锅中，再加入适量清水与大米，一起熬煮成粥。

整肠效果分析

薏米的膳食纤维能清洁肠道，促进肠道代谢与消化。维生素B_1能舒缓肠道紧张，改善腹泻症状，有助于强健脾胃。

整肠效果分析

　　薏米与莲子都是富含纤维质的食物，同时也是解毒高手，多吃这道粥能清除肠道中的毒素与火气，改善便秘症状。

薏米莲子糯米粥

❀解毒降火＋养心助眠

1 人份

■材料 *Ingredients*

薏米…35克
莲子…25克
百合…10克
糯米…90克

- 热量 586.5千卡
- 蛋白质 19.3克
- 脂肪 3.3克
- 糖类 118.8克
- 膳食纤维 3.8克

■调味料 *Sauce*

红糖…10克

■做法 *Method*

① 将薏米、莲子、百合、糯米全部清洗干净。

② 全部材料一起放入锅中，加入适量清水煮成粥，最后再加入红糖调味，即可食用。

薏米瘦肉养生汤

❀低卡减重＋清热利肠

1 人份

- 热量 414.5千卡
- 蛋白质 48.4克
- 脂肪 9.2克
- 糖类 37.2克
- 膳食纤维 0.7克

■材料 *Ingredients*

猪瘦肉…200克
薏米…50克

■调味料 *Sauce*

盐…适量

■做法 *Method*

① 猪瘦肉洗干净，切成小块。

② 薏米洗干净。

③ 锅中倒入清水，放入猪瘦肉与薏米，大火煮滚后改小火煮约1.5小时。

④ 煮滚后加盐调味即可。

整肠效果分析

　　薏米中丰富的钾元素具有利水清热的效果，能帮助清除肠道毒素与废物，并有利于平衡肠道的生态环境。

营养超值神奇谷物

糙米 *Brown Rice*

- **性质：** 性平
- **适用者：** 便秘者、普通人群
- **不适用者：** 肾功能不良者
  肠胃消化功能不良者

糙米保健功效

- 促进消化
- 改善便秘
- 改善肥胖
- 预防动脉硬化
- 预防大肠癌
- 调节血糖
- 美容养颜
- 促进新陈代谢

食疗效果

没有去掉外壳与胚芽，且未经过精制的稻米就是糙米。糙米可说是清洁肠道的清道夫，糙米通过肠道时，会吸收堆积在肠道中没有排出的毒素，并排出体外。糙米本身保留了米糠，营养素可以被保留下来，因此糙米含有丰富的纤维质、多种维生素与矿物质。糙米中的膳食纤维也能促进胆固醇的排出，预防高脂血症。

主要营养成分	每100克中的含量
热量	364千卡
膳食纤维	2.4克
维生素B$_1$	0.48毫克
铁	2.6毫克
锌	2.1毫克

 医师提醒您

1. 医学上已经证实多吃糙米可以有效预防动脉硬化与大肠癌等疾病。平日饮食多吃糙米则有助于消除便秘。
2. 肠胃消化机能较差者，应该少食用糙米，以免引发胀气症状。

 营养师小叮咛

1. 糙米外皮的植酸含量较高，容易影响人体吸收钙、铁、镁等矿物质，建议在清洗糙米后，使用40～60℃的温水浸泡半小时，能有效分解大部分的植酸。
2. 由于糙米的口感较粗硬，平常烹调糙米时建议先将糙米预先浸泡一晚，泡透后再使用电锅蒸熟，口感会较为柔软。

排毒成分	膳食纤维／维生素B$_1$／维生素C／维生素E／硒／钾、钙、磷、锌、铁、镁
主要营养素	**促进肠道健康的作用**
膳食纤维	◆ 促进消化；排毒；消除便秘
维生素B$_1$	◆ 促进能量代谢；分解毒素；代谢乳酸疲劳物质
维生素C	◆ 防止食物在胃肠里形成亚硝胺致癌物 ◆ 预防食道癌；预防胃癌；清洁肠道；滋润肠道
维生素E	◆ 促进能量代谢；保持肠道酸碱平衡；有利于肠道消化
硒	◆ 抗氧化；清洁血液；调整血糖值
钾、钙、磷、锌、铁、镁	◆ 促进肠道蠕动；抑制肠道内部致癌物的形成

☼ 糙米的整肠排毒营养素

❶ 矿物质

糙米中含有多种矿物质，能帮助滋润肠道，保持肠道的酸碱平衡，更能促进肠道代谢，促使消化作用顺畅进行。

❷ 维生素B₁

糙米中含有维生素B₁，能增加肠道内有益菌数量，使肠道环境更为健康；同时维生素B₁也能有效促进肠道蠕动，化解便秘症状，提高肠道免疫功能，加强肠道代谢能力，并促进血液循环。

❸ 膳食纤维

糙米最卓越的营养价值在于外皮上的粗纤维，谷类的粗纤维能刺激肠胃蠕动，改善消化不良现象，并促进消化，有利于排除肠道内的毒素。

膳食纤维在肠道中能包裹住脂肪和多余糖分，形成粪便，将多余养分随着粪便排出体外；而且能防止血液过度吸收营养，有助于调整血糖值。

糙米 这样吃最好!

✔	**与大米、糯米一起煮**	由于糙米的粗纤维含量较高，如果不习惯粗纤维的粗硬口感，可以和大米或糯米一起烹煮成饭，创造较佳的口感，并能摄取到丰富的纤维质。
✔	**熬煮 糙米粥**	对于老年人或胃肠机能较差者，建议将糙米熬煮成粥，可以产生较柔软易消化的口感。如果在煮好的糙米粥中加入葱花或姜片一起食用，还有助于预防感冒。
✔	**搭配南瓜 一起烹调**	不妨搭配南瓜煮成南瓜糙米饭，南瓜中的胡萝卜素与维生素C，能弥补糙米维生素的不足，且南瓜中的叶酸也能与糙米的铁结合，有助于改善疲劳，消除贫血。
✔	**加入排骨 一起炖煮**	在排骨汤中加入适量糙米一起炖煮成粥或汤品，排骨所含的B族维生素能与糙米的B族维生素起协同增强作用，有助于促进肠道代谢消化。

（注）（意）（事）（项）**糙米保存妙招——放在冰箱**

糙米比一般的大米含有更丰富的营养，因此容易引起虫蛀，在保存糙米时，应避免久放，最好保持密封干燥状态，密封储藏在冰箱中更好。

糙米健肠料理

整肠效果分析

　　糙米中含有多种矿物质，能帮助滋润肠道，保持肠道的酸碱平衡；橄榄油能润滑肠道；芹菜与糙米的膳食纤维具有通便作用，多吃这道粥能有效强化肠道免疫力，改善便秘症状。

奶香鲑鱼粥

❀ 活血通肠＋排除宿便

1人份

■材料 *Ingredients*

鲑鱼…60克
芹菜…1根
糙米…100克
牛奶…1杯

- 热量 750.9千卡
- 蛋白质 24.5克
- 脂肪 32.2克
- 糖类 88.7克
- 膳食纤维 2.6克

■调味料 *Sauce*

橄榄油…1小匙
盐…适量

■做法 *Method*

① 将芹菜洗净切段。
② 鲑鱼切块，放入锅中，加入牛奶一起煮。
③ 放入糙米，再加入橄榄油与芹菜一起煮5分钟。
④ 煮沸后加盐调味即可。

相思红豆粥

❀ 补血养颜＋排毒消肿

1人份

- 热量 559.5千卡
- 蛋白质 18.8克
- 脂肪 2.6克
- 糖类 114.7克
- 膳食纤维 8.2克

■材料 *Ingredients*

红豆…50克
糙米…80克
糯米…20克

■调味料 *Sauce*

白糖…10克

■做法 *Method*

① 将红豆、糙米与糯米清洗干净，放入锅中加入清水以大火烧煮。
② 煮沸后改用小火炖煮，煮成粥后加白糖即可食用。

整肠效果分析

　　糙米具有卓越的解毒功效，红豆有助于消除水肿，糯米能滋补体力，多吃这一道甜粥能改善便秘症状，使肠道充满有益菌，保持肠道健康。

整肠效果分析

　　排骨糙米粥含有丰富的B族维生素，可促进肠道代谢，又含有大量膳食纤维，能补充体力，帮助消除疲劳，也能改善肠道老化现象。糙米含有维生素E，能提高免疫力，使得肠道的蠕动更为活跃。

排骨糙米粥

❀ 补充体力＋强化肠道

1 人份

■材料 *Ingredients*

排骨…100克
糙米…100克
枸杞…少许
高汤…2杯

- 热量 603千卡
- 蛋白质 25.5克
- 脂肪 21.8克
- 糖类 73.4克
- 膳食纤维 2.4克

■调味料 *Sauce*

盐…少许

■做法 *Method*

① 排骨清洗干净，放入沸水中烫过取出，并去除浮沫备用。
② 将糙米清洗干净，浸泡在温水中约2小时。
③ 在锅中放入高汤与排骨，加入糙米及枸杞，以大火煮开后转小火煮成粥，最后加盐调味即可。

菠菜番茄糙米饭

❀ 助消化＋防癌净血

 1 人份

■材料 *Ingredients*

菠菜…80克
番茄…1个
洋葱…半个
糙米…90克

- 热量 416.2千卡
- 蛋白质 10.7克
- 脂肪 3.6克
- 糖类 85.4克
- 膳食纤维 7.5克

■调味料 *Sauce*

盐…适量
胡椒…适量

■做法 *Method*

① 菠菜洗净切段。
② 洋葱切成细条状，放入锅中以食用油炒软，接着放入已切成段的菠菜一起炒。
③ 加入2杯清水，并将番茄切成小块，放入锅中一起煮。
④ 加入糙米，并放入盐与胡椒，盖上锅盖煮成糙米饭。

整肠效果分析

　　菠菜具有卓越的润肠效果，而糙米中丰富的膳食纤维能促进消化，经常食用可以帮助改善肠道干燥、便秘症状，有利于通便，促进排便顺畅。

植物固醇含量丰富

花生 *Peanut*

- **性质：** 性平
- **适用者：** 孕妇、普通人群、体质虚弱者
- **不适用者：** 易上火者、肠胃功能不佳者

花生保健功效

- 促进消化
- 延缓老化
- 预防癌症
- 预防心血管疾病
- 改善便秘
- 强健脑部功能
- 增强记忆力
- 改善胃酸过多

食疗效果

花生含有丰富的植物固醇，具有卓越的防癌功效，能有效预防大肠癌与乳癌的发生。B族维生素能促进肠道代谢，并有助于维护神经系统。卵磷脂能帮助延缓老化，并降低胆固醇；多酚能降低血小板凝聚，预防心血管疾病。

花生中的钙远超过鸡蛋与猪肉的钙含量，磷与铁能有效强化胃肠代谢功能，以排除肠道毒素。

主要营养成分	每100克中的含量
热量	563千卡
膳食纤维	7克
维生素E	2.6毫克
镁	230毫克
钙	92毫克

 医师提醒您

1. 花生中的维生素E能保护脑神经细胞、有效预防记忆力退化，可通过食用花生来预防阿尔茨海默病。
2. 避免多吃油炸花生，因为油炸的高温容易破坏花生中的维生素，而且炸过的花生比较燥热，容易产生上火现象，对于胃肠消化反而没有助益。

 营养师小叮咛

1. 花生不容易消化，食用时最好细嚼慢咽，以免增加肠道的负担。避免让幼儿吃过多的花生，以免引发胀气。
2. 花生最好使用炖煮方式烹调，将花生煮得熟软，才易于消化；应避免花生的营养成分在烹调中流失；而且炖煮的花生还能改善胃酸分泌过多的现象。

排毒成分

植物固醇 / 不饱和脂肪酸 / 钙、磷、铁 / 维生素A / 维生素B₁ / 维生素C

主要营养素	促进肠道健康的作用
植物固醇	◆ 预防大肠炎与乳癌
不饱和脂肪酸	◆ 降低血液中的坏胆固醇含量
钙、磷、铁	◆ 帮助代谢脂肪与毒素；促进消化
维生素A	◆ 代谢肠道脂肪
维生素B₁	◆ 促进能量代谢；分解毒素 ◆ 代谢乳酸；滋润内脏器官
维生素C	◆ 促进肠道消化

✳ 花生的整肠排毒营养素

❶ 维生素B₁

花生中含有维生素B_1，能增加肠道内的有益菌数量，有效化解便秘症状，使肠道环境更为健康。

❷ 维生素B₆

花生也含有丰富的维生素B_6，能发挥滋润肠道的重要功效，有效增加肠道中的有益菌数量，维持肠道菌群生态平衡，有效维护肠道健康。

❸ 植物固醇

花生中所含的植物固醇，可在小肠要吸收食物中的胆固醇时，阻止胆固醇进入人体，进而降低血中总胆固醇及低密度脂蛋白胆固醇（坏胆固醇）。植物固醇因为与胆固醇的结构相似，可以骗过肠道的胆固醇接受器，因此可以抑制肠道吸收胆固醇，进而预防结肠癌。

❹ 不饱和脂肪酸

花生含有不饱和脂肪酸，能润肠通便，改善因肠道干燥引起的便秘，并且能促进血脂代谢，进而消除动脉壁上所堆积的胆固醇废物，有效防止动脉硬化，维持肠道健康。

花生这样吃效果最好

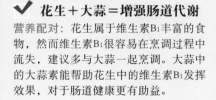

✔ 花生＋大蒜＝增强肠道代谢

营养配对：花生属于维生素B_1丰富的食物，然而维生素B_1很容易在烹调过程中流失，建议多与大蒜一起烹调。大蒜中的大蒜素能帮助花生中的维生素B_1发挥效果，对于肠道健康更有助益。

✔ 花生＋洋葱＝促进肠道蠕动

营养配对：花生属于维生素B_1丰富的食物，与洋葱一起烹调时，洋葱的丙烯硫化物有助于花生中的维生素B_1发挥效果，帮助强化肠道代谢，促进肠道的生态健康。

✔ 花生＋银鱼＝维持酸碱平衡

营养配对：花生含维生素K，银鱼则含有丰富钙质，两者一起食用时，能强化身体对于钙质的吸收，保持肠道的酸碱平衡，让肠道的代谢消化更顺畅。

✔ 花生＋醋＝增进食欲

营养配对：花生中的B族维生素和烟酸，可以促进肠道蠕动；醋则具有增进食欲、促进消化、杀菌等功效。两者结合不仅可以促进胃肠健康、减肥消脂，还可以摄取到优质的蛋白质。

花生健肠料理

整肠效果分析

　　食用花生可帮助肝脏的胆固醇分解为胆汁酸，促进排泄；花生皮能抑制纤维蛋白的溶解，促进血小板新生；醋则能促进消化，每天食用3次这道醋泡花生米20粒，可以润肠通便，有效舒缓便秘症状。

醋渍花生

✿ 舒缓便秘＋整肠助消化

1
人份

- 热量 1019.4千卡
- 蛋白质 51.5克
- 脂肪 77.8克
- 糖类 43.1克
- 膳食纤维 12.6克

■**材料** *Ingredients*

花生米…180克

■**调味料** *Sauce*

米醋…100克

■**做法** *Method*

① 将花生米洗干净后晾干。
② 空罐中倒入米醋，再把花生米放到米醋中浸泡。
③ 花生米浸泡7天，即可取出食用。

桂圆花生汤

✿ 排毒通便＋补脾安神

1
人份

- 热量 341.8千卡
- 蛋白质 12.9克
- 脂肪 17.7克
- 糖类 39.5克
- 膳食纤维 3.6克

■**材料** *Ingredients*

桂圆…15颗
花生米…40克

■**调味料** *Sauce*

冰糖…10克

■**做法** *Method*

① 桂圆肉与花生米清洗干净。
② 将桂圆肉与花生米放入锅中，加入清水以大火煮沸。
③ 以小火将花生米煮软，煮约半小时后，加入冰糖调味，再煮2分钟，即可食用。

整肠效果分析

　　花生含有丰富的脂肪，能滋润肠道，并含有丰富的纤维素，对排便很有助益。花生米与桂圆一起煮成汤，能改善肠道环境，有利于舒缓便秘症状。

花生拌豆腐

❀ 润肠强身＋益智抗老

■材料 *Ingredients*

花生米···15克
豆腐···2块
葱花···10克

- 热量 312.7千卡
- 蛋白质 21.3克
- 脂肪 18.3克
- 糖类 17.9克
- 膳食纤维 2.3克

■调味料 *Sauce*

香油···1小匙
酱油···2小匙
白醋···1小匙
白糖···1/2小匙

整肠效果分析

花生中含有丰富钙质，加上豆腐中的钙，可共同强化人体的钙吸收，保持肠道的酸碱平衡，并促进肠道的代谢消化。而且花生含有大量的酚，有很强的抗氧化力，适用于营养不良、脾胃失调者，营养价值极高。

■做法 *Method*

① 豆腐在沸水中烫过取出切块。
② 将花生米拍碎，混合所有调味料。
③ 豆腐放入盘中，淋上调味料，并撒上葱花与花生米碎粒即可食用。

姜味花生肉丁

❀ 润肌美肤＋预防肠癌

- 热量 407.7千卡
- 蛋白质 30.2克
- 脂肪 27.8克
- 糖类 16.6克
- 膳食纤维 4.7克

■材料 *Ingredients*

小黄瓜···1根
猪瘦肉···60克
花生米···60克　　姜片···适量

■调味料 *Sauce*

淀粉···适量　　酱油···适量
盐···适量

■做法 *Method*

① 小黄瓜洗干净，切成小丁。
② 瘦肉切丁，以酱油、盐、淀粉腌好。
③ 油锅烧热，放瘦肉丁与姜片快炒取出。
④ 以锅中余油炒黄瓜与花生米，加些清水，以大火快炒。
⑤ 把刚刚快炒过的瘦肉丁再放进去，加入酱油与盐，快炒至熟透即可起锅。

整肠效果分析

花生所含的脂肪是大豆的2倍，具有滋润肠道的效果，并含有大量纤维质，能促进肠道蠕动消化，有效改善便秘，使皮肤细致有光泽。

整肠降压尖兵

荞麦 *Buckwheat*

■ **性质：** 性平
■ **适用者：** 高血压患者、糖尿病患者、便秘者、神经衰弱者
■ **不适用者：** 胃肠虚寒者、过敏者、肿瘤患者

荞麦保健功效

- 助消化
- 改善便秘
- 保护血管
- 促进血液循环
- 增强免疫力
- 降低胆固醇
- 预防高血压
- 调节血糖

食疗效果

荞麦是麦类家族中的明星食物，荞麦中的烟酸是小麦的3～4倍，具有调节血压的作用。荞麦中的维生素B1、维生素B2比小麦多2倍，能帮助肠道中有益菌生长，促进肠道代谢。荞麦中所含的烟酸和芦丁能保护心血管，防止高脂血症，而必需氨基酸与亚油酸则能降低血脂。荞麦中的铬元素，会增强胰岛素活性，有助于调节血糖。

主要营养成分	每100克中的含量
热量	361千卡
膳食纤维	11.3克
维生素B1	0.4毫克
磷	160毫克
钾	335毫克

医师提醒您

1. 荞麦含有丰富的维生素P，能增强血管的弹性与强度，有效保护血管，可以有效抵抗冬季低温，使身体血液循环良好，有助于保暖防寒。

2. 荞麦有保健胃肠的作用，荞麦面粉则能改善胃肠发炎的症状，也能预防腹泻的发生。

营养师小叮咛

1. 荞麦可助消化，有效调整胃肠的功能。荞麦经常用来治疗消化不良与胃肠胀痛，还可改善食欲不振的症状。

2. 荞麦若食用过量，很容易造成消化不良。建议每天的食用量以60克为宜。

排毒成分

膳食纤维 / 钙、铁、磷 / 维生素B1、维生素B6 / 黄酮类化合物

主要营养素	促进肠道健康的作用
膳食纤维	◆ 软化粪便；排毒；消除便秘
钙、铁、磷	◆ 利尿、排除多余水分；消肿 ◆ 保持肠道酸碱平衡 ◆ 帮助肠道消化
维生素B1、维生素B6	◆ 滋润内脏器官；提振食欲 ◆ 助消化；促进能量代谢；维持肠道菌群平衡
黄酮类化合物	◆ 促进胃壁细胞生长 ◆ 防止消化性溃疡发生

荞麦的整肠排毒营养素

❶ 膳食纤维

荞麦中丰富的膳食纤维，自古就是肠炎的天敌。荞麦中的不溶性纤维能有效促进肠道中有益菌繁殖，并扩充粪便的体积，加速肠道的蠕动，有效缩短粪便停留在肠道的时间，因而降低毒素与肠壁接触的机会。这也是以麦类为主食的国家，人民罹患结肠癌的比例也相对较低的原因。

❷ 维生素B_1

荞麦中含有丰富的维生素B_1，能增加肠道内有益菌数量，使肠道环境更为健康；同时维生素B_1也能有效促进肠道蠕动，化解便秘症状。

❸ 维生素B_6

荞麦中的维生素B_6能促进肠道蠕动，滋润肠道。维生素B_6也能有效增加肠道有益菌数量，维持肠道菌群生态平衡，有效维护肠道的健康。

❹ 黄酮类化合物

荞麦中含有黄酮类化合物，这是一种超级抗氧化物，能有效预防心血管疾病，也具有抗老化功效。

荞麦这样吃最好!

✔	与鸡蛋一起吃	荞麦含有丰富的烟酸，鸡蛋则含有色氨酸，若将荞麦与鸡蛋一起烹调，则有助于提高人体摄取烟酸的含量，促进人体的消化系统功能，保持皮肤的健康。
✔	食用荞麦面	食用荞麦面粉做成的面条，有助于吸收荞麦的丰富营养。由于荞麦中的维生素P与芸香素属于水溶性维生素，因此很适合做成面条，使荞麦里的维生素及营养素能充分溶解在汤汁中，更易被人体摄取。
✔	食用荞麦粉	荞麦面粉在锅中炒过以后，加入砂糖水一起拌匀饮用，则成为一种有效的止泻良药，有助于缓解腹泻的症状，保持胃肠的健康状态。

注意事项 易过敏的人慎食荞麦

荞麦中含有一些会引发过敏的物质，容易引发全身过敏反应，如皮肤红肿发痒、呼吸困难、全身起红疹等症状，因此若发现对荞麦有过敏反应，应立即停止食用。

荞麦健肠料理

花生荞麦粥

❀ 润肠补胃＋补精益气

1 人份

- 热量 595.5千卡
- 蛋白质 32.4克
- 脂肪 25克
- 糖类 152.9克
- 膳食纤维 6.9克

■**材料** *Ingredients*

荞麦…90克
花生米…50克
糯米…100克

■**做法** *Method*

① 将荞麦与花生米、糯米清洗干净。
② 把所有材料放入锅中，加入清水一起煮成粥。

整肠效果分析

荞麦具有卓越的润肠效果，能促进胃肠蠕动，荞麦能温暖胃肠，也能改善饮食习惯不良引发的胃肠虚弱症状。

荞麦山药粥

❀ 消积净肠＋降气消肿

1 人份

- 热量 379.8千卡
- 蛋白质 10.7克
- 脂肪 4.0克
- 糖类 75克
- 膳食纤维 3.2克

■**材料** *Ingredients*

荞麦…90克
山药…50克

■**调味料** *Sauce*

白糖…5克

■**做法** *Method*

① 将荞麦清洗干净，山药去皮切块。
② 把荞麦与山药放入锅中，加入清水煮成粥，再放适量白糖，即可食用。

整肠效果分析

荞麦具有滋补作用，能温和地改善胃肠虚弱，山药能促进胃肠消化，也能补益因压力引起的胃肠疲弱状态。

荞麦豌豆素香粥

❀ 健肠利便＋调节血糖

1人份

- 热量 986.4卡
- 蛋白质 32.5克
- 脂肪 5.0克
- 糖类 99克
- 膳食纤维 13.9克

■材料 *Ingredients*

荞麦…150克
豌豆…120克
大米…120克

■做法 *Method*

① 将荞麦、豌豆、大米清洗干净。
② 把全部材料放入锅中一起熬煮成粥，即可食用。

整肠效果分析

　　豌豆与荞麦都含有丰富的膳食纤维，能帮助肠道消化。荞麦的矿物质能促进肠道代谢，豌豆还可调节血液中的糖分，有助于调节血糖。

芝麻荞麦凉面

❀ 整肠益气＋强健血管

1人份

■材料 *Ingredients*

荞麦面…200克
生姜末…1小匙
芝麻粉…1小匙

■调味料 *Sauce*

苹果醋…3大匙　　香油…1小匙
白糖…1小匙　　　淡酱油…2小匙
胡椒粉…少许

■做法 *Method*

① 把所有调味料拌匀。
② 将荞麦面放入滚水中煮熟，沥干水分放入盘子中。
③ 将所有调味酱料淋在荞麦面上，然后撒上芝麻粉与生姜末，即可食用。

- 热量 937.8千卡
- 蛋白质 31.4克
- 脂肪 10.9克
- 糖类 176.1克
- 膳食纤维 2.1克

整肠效果分析

　　荞麦面含有丰富的维生素P，可强健血管；烟酸能促进肠道消化，苹果醋能促进肠道蠕动，芝麻粉则可润肠通便。

防癌健肠黄金食物

玉米 *Corn*

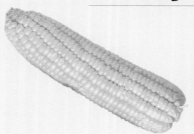

- **性质：** 性平
- **适用者：** 高血压患者、普通人群、心血管疾病患者
- **不适用者：** 易腹胀者

玉米保健功效

- 促进消化
- 改善便秘
- 调整胃肠
- 保护心血管
- 保护眼睛
- 延缓衰老
- 增强体力
- 预防大肠癌

食疗效果

玉米是医学上认定的防癌蔬菜，也是改善肠道健康最好的食物之一。玉米中含有丰富的纤维素，能促进消化，防止致癌物质在体内形成，将肠道内的毒素排出体外，可预防大肠癌。

玉米中的维生素C与胡萝卜素，能抑制化学致癌物质在体内形成肿瘤，其所含的维生素B1、维生素B2更是促进肠道消化与代谢的功臣。

主要营养成分	每100克中的含量
热量	111千卡
膳食纤维	4.6克
烟酸	1.4毫克
维生素C	6毫克
钾	220毫克

医师提醒您

1. 玉米中的不饱和脂肪酸能促进脂肪代谢，经常食用能帮助降低血脂，并可软化血管，有助于预防心血管疾病。
2. 新鲜玉米很容易因为受潮而长出会致癌的黄曲霉素，建议买回来的玉米用纸包好，放入冰箱中保存，避免受潮。

营养师小叮咛

1. 玉米熟食比生吃更好，建议将玉米加热烹调食用，如此可摄取更丰富的营养素。玉米在加热烹调的过程中，高温可刺激抗自由基物质的活性，增强人体的抗氧化能力。
2. 玉米胚芽含丰富的营养，在剥玉米粒时，最好连同胚芽部位都一起剥下来。

排毒成分	膳食纤维 / 谷胱甘肽 / 维生素B1 / 维生素C / 维生素E / 镁、硒
主要营养素	**促进肠道健康的作用**
膳食纤维	◆ 促进消化；消除便秘
谷胱甘肽	◆ 排除致癌物质
维生素B1	◆ 滋润内脏器官；提振食欲 ◆ 助消化；促进能量代谢
维生素C	◆ 抑制化学致癌物
维生素E	◆ 调节自主神经；促进肠道蠕动
镁、硒	◆ 加速过氧化物分解；抑制癌细胞生长 ◆ 促使毒素排出体外

玉米的整肠排毒营养素

❶ 胡萝卜素

玉米中含有丰富的胡萝卜素，是超级抗氧化的尖兵，能有效抑制癌细胞在肠道中活动，增强肠道的免疫力。

❷ B族维生素

玉米中含有维生素B_2，能有效促进肠道消化，帮助肠道的新陈代谢能力；其所含的维生素B_1，可提高肠道内有益菌数量，让肠道环境更健康。玉米中的B族维生素也有助于热量的代谢，帮助脂肪与蛋白质进行分解，以利于人体消化吸收。

❸ 谷胱甘肽

玉米中含有谷胱甘肽物质，能在肠道中包裹住致癌物质，使致癌物失去毒性，并通过消化道将致癌物排出体外。谷胱甘肽亦可增强免疫系统的功能，提高对病毒感染的抵抗力，降低癌症的发病率。

❹ 膳食纤维

玉米中含有丰富的膳食纤维，100克玉米中就含有2克的膳食纤维，因此玉米可说是改善便秘的"特效药"，可帮助清除肠道废物，改善肠道亚健康状态。

玉米这样吃效果最好

Good for you

✔ 玉米＋核桃＝增强肠道代谢

营养配对：玉米是B族维生素丰富的食物，核桃中也含有丰富的B族维生素，两者一起食用，等于倍增人体对于B族维生素的吸收量，有助于促进肠道代谢与消化。

✔ 玉米＋蛤蜊＝增强肝脏功能

营养配对：玉米不仅含丰富的B族维生素，又蕴含丰富的膳食纤维；蛤蜊则含有丰富的牛磺酸，两者一起搭配食用，可强化肝脏与心脏功能，降低胆固醇，预防心血管疾病。

✔ 玉米＋橄榄油＝保护眼睛

营养配对：烹调玉米时，若加入适量的橄榄油一起烹调，可让玉米中所含的玉米黄素易于溶解，有助于保护眼睛，防止眼睛黄斑部病变。

✔ 玉米＋草莓＝促进肠道蠕动

营养配对：玉米中含有丰富的膳食纤维与维生素C，与富含维生素C的草莓一起食用，能强化人体对维生素C的摄取量，有助于肠道蠕动，促进肠道代谢与消化。

玉米健肠料理

整肠效果分析

玉米含有大量的膳食纤维与维生素E，能增加肠道有益菌的数量，胡萝卜含有大量胡萝卜素，可代谢肠道的毒素，帮助消化。

玉米排骨汤

❀ 益肺宁心＋润肠补脾

1 人份

■材料 *Ingredients*

玉米…2根
排骨…200克
胡萝卜…1根

- 热量 843.6千卡
- 蛋白质 47.7克
- 脂肪 43.7克
- 糖类 62.7克
- 膳食纤维 15.9克

■调味料 *Sauce*

盐…3克

■做法 *Method*

① 胡萝卜洗净去皮切块；玉米洗净后切块。
② 将排骨放入沸水中烫过取出，以冷水清洗干净备用。
③ 在锅中放入清水，将所有材料放入锅中以大火烧煮，煮沸后改用小火，煮到玉米与胡萝卜变软时，加入盐调味即可食用。

玉米海带芽沙拉

❀ 明目养颜＋健脾利便

1 人份

■材料 *Ingredients*

玉米粒…60克
海带芽…50克
小黄瓜…1根
小番茄…5粒

- 热量 427.9千卡
- 蛋白质 9.4克
- 脂肪 31.3克
- 糖类 29.1克
- 膳食纤维 7.7克

■调味料 *Sauce*

芝麻酱…2大匙　　醋…1大匙
橄榄油…1小匙　　香油…1小匙
白糖…1小匙

■做法 *Method*

① 将海带芽洗干净，放入水中泡软备用；小黄瓜洗干净，横切成片。
② 把小番茄洗干净，去蒂对切。
③ 将玉米粒、海带芽与黄瓜铺放在碗中。
④ 把所有调味料混合，然后浇淋在沙拉碗中即可食用。

整肠效果分析

玉米含膳食纤维，能促进肠道蠕动；番茄与黄瓜则有助于清洁肠道；海带芽的胶质能吸附肠道毒素，保持肠道健康。

整肠效果分析

玉米中的膳食纤维能发挥整肠的功效，苹果中的果胶可促进肠胃蠕动，芹菜能帮助清洁肠道，土豆中的钾可保持肠道酸碱平衡。

芥末黄玉米沙拉

❀ 整肠开胃＋抑菌顺肠

1 人份

■材料 *Ingredients*

玉米粒…80克
土豆…1个
苹果…1个
西芹…1小根

● 热量 671.8千卡
● 蛋白质 9.3克
● 脂肪 37.1克
● 糖类 77.5克
● 膳食纤维 8.7克

■调味料 *Sauce*

芥末…1小匙
蛋黄沙拉酱…3大匙

■做法 *Method*

❶ 土豆洗净去皮切块，放入电饭锅中蒸熟；苹果洗干净后去皮切块。西芹切碎。

❷ 将玉米粒、土豆、西芹与苹果混合放入碗中，再把芥末与蛋黄沙拉酱混合加入拌匀，即可食用。

玉米蘑菇焗饭

❀ 清洁肠道＋高纤防癌

1 人份

● 热量 520.1千卡
● 蛋白质 12.4克
● 脂肪 12.2克
● 糖类 90.0克
● 膳食纤维 4.0克

■材料 *Ingredients*

玉米粒…60克　　高汤…2杯
洋葱…1/4个　　蘑菇…50克
奶酪粉…2大匙　大米…90克

■调味料 *Sauce*

橄榄油…1小匙　白胡椒…适量
盐…1小匙

■做法 *Method*

❶ 蘑菇清洗干净，切片。洋葱去皮切片。

❷ 在锅中放入橄榄油、玉米粒、蘑菇与洋葱一起拌炒，并加入盐调味。

❸ 大米加入高汤，撒上白胡椒，盖上锅盖以大火焖煮。20分钟后起锅，撒上奶酪粉，放入烤箱中约烤15分钟即可食用。

整肠效果分析

玉米与蘑菇皆含膳食纤维，可清除肠道垃圾，同时又含有丰富的B族维生素，能促进肠道代谢，有效缓解便秘症状。

黑色大补食物

黑芝麻 *Sesame*

- **性质：** 性平
- **适用者：** 产后女性、头发斑白者、普通人群
- **不适用者：** 皮肤病患者、慢性肠炎患者

黑芝麻保健功效

- 促进消化
- 滋补体力
- 延缓衰老
- 滋润肌肤
- 润肠通便
- 预防心血管疾病
- 保持乌黑头发
- 强健骨骼

食疗效果

黑芝麻含丰富的膳食纤维，能促进肠道蠕动，自古就是润肠通便的良药。黑芝麻含有丰富的亚油酸，能发挥润肠的效果，有助于促进排便，防止便秘发生。芝麻酚能防止动脉硬化，并有效抑制坏胆固醇产生。黑芝麻含有硒元素，有助于消除自由基，清除人体中的致癌毒素。维生素E能滋润皮肤与肠道，也能发挥滋补体力的功效。

主要营养成分	每100克中的含量
热量	591千卡
膳食纤维	9.2克
维生素E	2.7毫克
锌	2.5毫克
铁	16.45毫克

 医师提醒您

1. 对于体质比较虚冷的人，不妨多补充黑芝麻，黑芝麻能帮助温热身体，发挥增强活力与延缓衰老的功效。
2. 对于老年人因为新陈代谢缓慢所引发的便秘症状，很适合食用黑芝麻来调整胃肠。黑芝麻中的维生素E还有延缓老化的作用，有助于抗衰老与增强记忆力。

 营养师小叮咛

1. 芝麻连皮一起食用，口感较坚硬，不容易消化，建议将黑芝麻磨碎食用，不仅口感佳，容易消化，其中的营养素也更容易被人体吸收。
2. 黑芝麻如未经咀嚼就吞咽，很容易黏着在胃壁，引发胃痛症状，食用时最好细嚼慢咽，或者磨成粉末食用为佳。

排毒成分	膳食纤维／氨基酸／亚油酸／钙／维生素B₁、维生素B₂、维生素E	
主要营养素	**促进肠道健康的作用**	
膳食纤维	◆ 促进消化；消除便秘；创造肠道有益菌环境	
氨基酸	◆ 促进排便	
亚油酸	◆ 代谢肠道多余脂肪	
钙	◆ 帮助排便；促进肠道代谢 ◆ 保持肠道酸碱平衡	
维生素B₁、维生素B₂、维生素E	◆ 促进能量代谢；分解毒素 ◆ 代谢乳酸；滋润内脏器官；抑制致癌物生成	

☀ 黑芝麻的整肠排毒营养素

❶ 膳食纤维

黑芝麻含有丰富的优质膳食纤维，其中水溶性纤维就约占1/3，而不溶性膳食纤维约占2/3。不溶性的膳食纤维能使肠道中的粪便充分吸收水分，使粪便软化，有助于润肠通便，还能吸附肠壁的毒素废物，帮助排出体外。

❷ 芝麻醇配糖体

芝麻中含有一种独特的芝麻醇配糖体，这种物质进入人体肠道时，肠内的细菌会将它转变成芝麻醇，使其发挥很卓越的抗氧化能力，能防止肠道致癌，增强肠道的免疫能力。

❸ 维生素B$_1$、维生素B$_2$

黑芝麻中含有维生素B$_2$，能有效促进肠道消化，帮助改善肠道新陈代谢；而维生素B$_1$能增加肠道内有益菌数量，使肠道环境更为健康。

❹ 维生素E

黑芝麻含有维生素E，能调整自主神经、控制肠道运动，使得肠道的蠕动更为活跃。维生素E也能抑制肠道内部致癌物的形成，或抑制肠道内的致癌作用发生。

黑芝麻这样吃最好!

✔ **与大蒜一起烹调**	黑芝麻属于维生素B$_1$丰富的食材，然而维生素B$_1$很容易在烹调的过程中流失，建议多与大蒜或洋葱一起烹调，大蒜中的大蒜素或洋葱中的丙烯硫化物有助于黑芝麻中的维生素B$_1$发挥作用，可强化肠道的代谢，对于肠道健康更有助益。
✔ **煮成芝麻粥**	将黑芝麻研磨成粉末，与大米一起熬煮成粥，如此更能强化黑芝麻中的营养吸收率，有助于消化吸收。黑芝麻粥具有良好的滋补作用，对于老年人与体质虚弱者特别有助益。
✔ **与果汁一起饮用**	将含有丰富维生素C的水果如草莓、香蕉或猕猴桃，与黑芝麻一起打成果汁，水果中的维生素C能促进人体更有效地吸收黑芝麻中的铁，有助于预防贫血，同时也能改善便秘症状。

 注意事项 **黑芝麻宜密封冷藏**

黑芝麻中富含油脂，容易因为保存不当而出现泛油潮湿，并引发油馊味。平常保存黑芝麻最好密封在低温干燥的环境，如能密封冷藏更好。

黑芝麻健肠料理

整肠效果分析

　　黑芝麻中的亚油酸能滋润肠道，膳食纤维能促进肠道蠕动，糯米能滋补体力，多吃黑芝麻粥可强健肠道健康，吸附肠壁的毒素废物，帮助排出体外，防止肠道致癌。

黑芝麻粥

❀ 润燥排毒＋通肠止痛

1 人份

- 热量 831.8千卡
- 蛋白质 23.5克
- 脂肪 43.1克
- 糖类 93.8克
- 膳食纤维 8.1克

■材料 *Ingredients*

黑芝麻···80克
糯米···100克

■做法 *Method*

① 将黑芝麻研磨成粉。
② 把糯米煮成粥，煮沸时转为小火，加入黑芝麻粉一起煮，煮约20分钟后，即可直接食用。

高钙黑豆浆

❀ 高钙健胃＋改善便秘

1 人份

- 热量 511.9千卡
- 蛋白质 18.9克
- 脂肪 34.7克
- 糖类 38.1克
- 膳食纤维 10.0克

■材料 *Ingredients*

牛奶···100克
豆浆···150克
黑芝麻···60克

■调味料 *Sauce*

白糖···适量

■做法 *Method*

① 将黑芝麻研磨成粉。
② 把牛奶与豆浆混合，加入黑芝麻粉，以大火煮滚后，转成小火再煮10分钟。
③ 加入适量白糖即可饮用。

整肠效果分析

　　常食用黑芝麻豆浆能获取丰富钙质，保持肠道代谢顺畅，同时摄取到异黄酮，有助于新陈代谢。芝麻的膳食纤维能促进肠道蠕动，可预防便秘。

黑芝麻能发挥滋润肠道的作用，海带中的胶质可吸附肠道毒素，也能清除肠道污物，多食用这道汤能发挥极佳的抗氧化能力，增强肠道的免疫能力，有助于肠道的健康。

黑色大补汤

❀ 浓醇营养＋润肠利便

1人份

- 热量 319.5千卡
- 蛋白质 10.5克
- 脂肪 27克
- 糖类 14.8克
- 膳食纤维 9.1克

■材料 *Ingredients*

黑芝麻···50克
海带···150克

■调味料 *Sauce*

盐···适量

■做法 *Method*

① 将黑芝麻放入炒锅中以小火炒过。
② 把海带放入水中泡软，切成大片。
③ 将黑芝麻放入锅中，加入海带与清水一起煮成汤，煮好后加入适量盐，即可食用。

玉米芝麻糊

❀ 强身乌发＋健肠通便

1人份

- 热量 691.5千卡
- 蛋白质 17.1克
- 脂肪 48.1克
- 糖类 56.2克
- 膳食纤维 8.3克

■材料 *Ingredients*

黑芝麻···90克
玉米粉···40克

■调味料 *Sauce*

白糖···3克

■做法 *Method*

① 将黑芝麻倒入锅中，加入适量清水搅拌后，以小火煮沸。
② 把玉米粉倒入黑芝麻糊中，并加入白糖搅拌均匀，再煮5分钟，即可饮用。

黑芝麻含有丰富的膳食纤维，能彻底清除肠道中的毒素废物；玉米中的不饱和脂肪酸能促进肠道滋润，有效润肠通便，化解便秘困扰。

健脑整肠高纤维食物

核桃 *Walnut*

- **性质：** 性温
- **适用者：** 高血压患者、心血管病患者、便秘者、普通人群
- **不适用者：** 肾脏虚弱者、洗肾患者

核桃保健功效

- 促进消化
- 改善便秘
- 增强肝功能
- 增强记忆力
- 增强免疫力
- 预防心血管疾病
- 美容养颜
- 稳定情绪

食疗效果

　　香脆可口的核桃，小小的一颗充满着丰富的营养。核桃中的维生素E可促进血液循环，防止氧化作用。其中的亚油酸能清除血管中的胆固醇，保持血液清透健康。核桃中的维生素B$_1$能增强肝功能，并增进记忆力。核桃中更含有大量膳食纤维，能发挥润肠通便的疗效，多吃核桃能改善排便不顺畅的症状。

主要营养成分	每100克中的含量
热量	685千卡
维生素A	0.7微克
维生素E	11.251毫克
维生素B$_1$	0.47毫克
镁	153毫克

医师提醒您

1. 核桃中所含的油脂成分较高，有腹泻症状者应该少食用核桃，以免腹泻症状加剧。正在减肥的人，应该节制食用核桃，避免高油脂成分影响减重效果。
2. 核桃中的维生素B$_1$能有效增强体力，提振精神。容易疲倦与体力衰弱者，可补充核桃作为点心。

营养师小叮咛

1. 核桃中含有大量脂肪酸，接触空气后很容易氧化，开封后最好尽快食用完毕。保存时最好放入密封罐中，并收藏在冰箱中冷藏为宜。
2. 核桃中的油脂量高，不宜过量食用，成人每天食用量以4～6颗为限，儿童每日食用量则以4颗为限。

排毒成分　膳食纤维／胡萝卜素／镁／维生素B$_1$／维生素E／不饱和脂肪酸

主要营养素	促进肠道健康的作用
膳食纤维	◆ 软化粪便；排毒；消除便秘
胡萝卜素	◆ 破坏肠道的致癌物质
镁	◆ 帮助体内代谢废物
维生素B$_1$	◆ 促进肠道蠕动与代谢
维生素E	◆ 利尿、排毒；促进肠道蠕动 ◆ 抑制肠道致癌物形成
不饱和脂肪酸	◆ 清除血管壁的胆固醇

☀ 核桃的整肠排毒营养素

❶ 胡萝卜素

核桃中含有丰富的胡萝卜素,能破坏肠道中的致癌物质,并发挥积极的抗癌作用,有助于保护肠道健康。胡萝卜素也能抑制癌细胞生成。

❷ 膳食纤维

核桃中含有丰富的膳食纤维,能促进肠道蠕动,帮助肠道消化,防止便秘发生。

❸ 亚油酸

核桃中含有一种亚油酸,是一种不饱和脂肪酸,能帮助降低胆固醇,使坏胆固醇排出体外,有效帮助清洁血液;亚油酸同时也能消除肠道癌细胞,防止大肠癌发生。

❹ 维生素B₁

核桃中的维生素B₁能在肠道内增加有益菌的数量,有利于增进肠道环境的健康。维生素B₁也是代谢碳水化合物的高手,能促进消化作用在肠道中顺畅进行。而且维生素B₁有中度的利尿作用,可维持体内水分平衡,若水分太多,会将多余的水分排出。

核桃这样吃效果最好

Good for you

✔ 核桃＋南瓜＝增强肠道蠕动
营养配对:核桃含有维生素E与B族维生素,与同样含有维生素B₁的南瓜共同食用,可增强人体对于维生素B₁的吸收,增加肠道有益菌数量,促进肠道消化。

✔ 核桃＋葱＝促进消化
营养配对:青葱中的大蒜素与核桃一起食用,大蒜素能促使身体充分吸收核桃中的维生素B₁,帮助肠道蠕动,促进消化。

✔ 核桃＋洋葱＝增加肠道有益菌
营养配对:核桃属于维生素B₁丰富的食物,建议与洋葱一起烹调或食用,洋葱中的丙烯硫化物可让核桃所含的维生素B₁更充分发挥功效,对于肠道健康更有助益。

✔ 核桃＋大蒜＝增强代谢
营养配对:大蒜中的大蒜素与核桃一起食用,大蒜素能促使身体充分吸收核桃中的维生素B₁,帮助肠道增强代谢能力,并创造有益菌。

核桃健肠料理

整肠效果分析

　　核桃具有丰富的脂肪酸，能发挥润肠效果；膳食纤维能促进肠道消化；核桃内含的丰富维生素E，还能消除肠道的紧张状态，有助于缓解压力型便秘症状。

冰糖核桃粥

❀ 安神润肠＋增智益寿

1 人份

- 热量 772.8千卡
- 蛋白质 16.7克
- 脂肪 43.4克
- 糖类 85.1克
- 膳食纤维 3.9克

■材料 *Ingredients*

核桃仁…20颗
糯米…90克

■调味料 *Sauce*

冰糖…10克

■做法 *Method*

① 将核桃仁捣碎，切成碎粒，再将糯米清洗干净。

② 把核桃碎粒与糯米一起放入锅中，加入清水煮成粥，煮好后加入冰糖调味即可食用。

核桃绿茶饮

❀ 健肠解毒＋轻身益气

1 人份

- 热量 209.8千卡
- 蛋白质 3.8克
- 脂肪 17.9克
- 糖类 12克
- 膳食纤维 1.4克

■材料 *Ingredients*

核桃仁…25克
绿茶…5克

■调味料 *Sauce*

白糖…10克

■做法 *Method*

① 核桃仁磨成碎粒，将沸水冲入绿茶茶叶，冲泡成茶汤。

② 在茶汤中加入白糖与核桃粒，搅拌后直接饮用。

整肠效果分析

　　核桃具有温和的润肠作用，它的脂肪酸成分能有效滋润肠道，其丰富的膳食纤维有助于代谢肠道中的毒素，促进排便顺畅。

橄榄油醋拌核桃菠菜

❀ 通肠利胃＋助消化

1 人份

- 热量 554.6千卡
- 蛋白质 10.2克
- 脂肪 58.2克
- 糖类 6.4克
- 膳食纤维 4.5克

■材料 *Ingredients*

核桃仁…60克
菠菜…50克

■调味料 *Sauce*

橄榄油…1大匙
酱油…适量
醋…适量

■做法 *Method*

❶ 核桃仁磨成碎粒，菠菜清洗干净。
❷ 将菠菜放入沸水中烫熟取出切段，放入盘中，淋上橄榄油、酱油与醋，最后添加核桃碎粒即可。

整肠效果分析

　　核桃含有丰富的膳食纤维和胡萝卜素，能破坏肠道的致癌物质，并发挥积极的抗癌作用，促进润肠通便；菠菜可促进消化，补充身体的铁，帮助肠道消化作用顺畅进行。

核桃酸奶水果沙拉

❀ 通便整肠＋润肺养神

1 人份

- 热量 320.2千卡
- 蛋白质 5.7克
- 脂肪 19.3克
- 糖类 37.6克
- 膳食纤维 5.0克

■材料 *Ingredients*

西芹…45克
苹果…1个
葡萄干…1大匙
核桃仁…25克
酸奶…2大匙

■做法 *Method*

❶ 将西芹洗干净，切小段。
❷ 苹果去皮切小块。
❸ 将西芹、苹果、核桃仁放入大碗中，酸奶淋在食物上，撒上葡萄干即可食用。

整肠效果分析

　　西芹中含有粗纤维能促进肠道蠕动，苹果能帮助通肠，核桃具有滋润肠道的效果，酸奶可帮助增加肠道有益菌。多食用这道沙拉，有通便整肠的功效。

营养最全的豆中之王

黄豆 *Soybean*

- **性质：** 性平
- **适用者：** 更年期女性、普通人群
- **不适用者：** 痛风患者、尿酸过高患者

黄豆保健功效

- 促进消化
- 预防阿尔茨海默病
- 改善骨质疏松
- 改善贫血
- 改善便秘
- 降低胆固醇
- 预防癌症
- 改善更年期症状

食疗效果

黄豆中含有丰富的维生素、矿物质与蛋白质，可为人体提供完整的营养。黄豆也是膳食纤维的宝藏，这些粗纤维在胃肠中停留至少4～5小时，能有效刺激胃部黏膜，帮助消化。多吃黄豆与黄豆制品，能有效预防结肠癌与乳癌，也能避免食用肉类引发的各种消化不良症状。黄豆富含卵磷脂，能有效减少血胆固醇，防止心血管疾病。

主要营养成分	每100克中的含量
热量	384千卡
膳食纤维	16克
维生素E	2.3毫克
磷	494毫克
钾	1570毫克

医师提醒您

1. 黄豆中的嘌呤含量较高，对于尿酸较高的患者或痛风患者不宜，因此应该尽量减少食用，以免引发痛风。
2. 对于停经女性所引发的便秘，可多吃黄豆来改善。黄豆的纤维能促进肠胃蠕动，大豆异黄酮还能改善更年期症状。

营养师小叮咛

1. 避免生食黄豆，因为生黄豆含有胰蛋白酶的抑制剂，会抑制人体对于蛋白质的消化作用，通过烹调加热后，可有效破坏酶的作用，避免胃肠消化不良。
2. 加工后的黄豆制品容易流失水溶性维生素，建议以直接食用黄豆烹调的菜肴为佳，保证可以摄取完整的营养素。

排毒成分　膳食纤维 / 钙、磷、铁 / 维生素B₁ / 维生素B₂ / 不饱和脂肪酸

主要营养素	促进肠道健康的作用
膳食纤维	◆ 软化粪便；排毒；消除便秘
钙、磷、铁	◆ 促进肠道蠕动，帮助消化 ◆ 代谢毒素
维生素B₁	◆ 促进肠道蠕动；代谢毒素 ◆ 滋润内脏器官
维生素B₂	◆ 创造肠道有益菌数量 ◆ 促进肠道蠕动代谢
不饱和脂肪酸	◆ 润肠通便

☀ 黄豆的整肠排毒营养素

❶ 不饱和脂肪酸

黄豆中含有一种丰富的油酸，属于不饱和脂肪酸，能帮助润肠通便，有效滋润肠道，改善肠道干燥引发的便秘现象。不饱和脂肪酸也能促进血脂的代谢，有效预防动脉硬化。

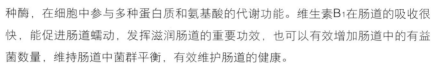

❷ 维生素B_1

黄豆中也含有丰富的维生素B_1，它是一种酶，在细胞中参与多种蛋白质和氨基酸的代谢功能。维生素B_1在肠道的吸收很快，能促进肠道蠕动，发挥滋润肠道的重要功效，也可以有效增加肠道中的有益菌数量，维持肠道中菌群平衡，有效维护肠道的健康。

❸ 低聚糖

黄豆中的低聚糖属于低热量糖类，能增加乳酸杆菌的数量，增强肠道的健康，使有害菌的数量降低，因而改善便秘症状，也能有效预防大肠癌发生。

☀ 如何聪明吃黄豆

❶ 搭配葱、大蒜或洋葱一起食用

黄豆中的维生素B_1含量丰富，然而维生素B_1很容易在烹调的过程中流失，建议多与大蒜、葱或洋葱一起烹调，这些食物中的丙烯硫化物能使黄豆中的维生素B_1发挥效果，对于肠道健康更有助益。

❷ 摄取黄豆粉

黄豆粉末中也含有优质的寡糖成分，每100克黄豆粉就含有7克的寡糖。建议若在外旅行，无法充分摄取蔬菜的营养，不妨携带黄豆粉在身上，加入饮料或牛奶一起饮用，就能摄取充分的寡糖营养，有助于改善便秘症状。

❸ 腌渍后食用

将黄豆腌渍发酵后，纤维会软化，更有利于被人体肠道消化吸收，发挥卓越的润肠通便效果。

黄豆健肠料理

整肠效果分析

黄豆中含有丰富的膳食纤维与维生素，具有代谢毒素的卓越功效。连续食用一周，能有效改善便秘症状。

黄豆栗香粥

❀ 代谢毒素＋改善便秘

1 人份

■材料 *Ingredients*

花生米…40克
黄豆…60克
栗子…50克
糯米…100克

- 热量 903.6千卡
- 蛋白质 43.1克
- 脂肪 27.1克
- 糖类 127.4克
- 膳食纤维 16.1克

■调味料 *Sauce*

盐…适量

■做法 *Method*

① 将花生米与其他材料清洗干净，把黄豆预先浸泡在水中一晚。
② 所有材料放入锅中，加入清水熬煮成粥，最后加盐调味即可。

豆皮时蔬糙米饭

1 人份

❀ 清除宿便＋通乳抗毒

- 热量 470.8千卡
- 蛋白质 16.1克
- 脂肪 10.4克
- 糖类 77.4克
- 膳食纤维 3.9克

■材料 *Ingredients*

豆皮…2片　　芹菜…10克
毛豆…25克　　糙米…100克

■调味料 *Sauce*

盐…适量　　橄榄油…1小匙

■做法 *Method*

① 将豆皮切丁、芹菜切段。
② 将豆皮放入沸水中烫熟，芹菜略烫过，毛豆煮熟。
③ 将糙米放入电饭锅中，加入适量清水煮成糙米饭。
④ 将豆皮、芹菜、毛豆拌入米饭中，撒入适量盐，淋上橄榄油拌匀即可食用。

整肠效果分析

豆皮与豆类烹调的米饭含有丰富的膳食纤维，有助于排出肠道内的毒素，改善便秘症状。

黄豆海带丝

❀ 润肠通便＋清热活血

■材料 *Ingredients*

海带…200克
黄豆…100克

● 热量 416千卡
● 蛋白质 37.3克
● 脂肪 15.5克
● 糖类 39.3克
● 膳食纤维 21.8克

■调味料 *Sauce*

盐…适量
酱油…适量

■做法 *Method*

1 将海带泡软后切成细丝，黄豆洗干净泡软。
2 海带丝与黄豆分别放入沸水烫熟。
3 将海带丝与黄豆取出，放入大碗中，再加入所有调味料混合拌匀，即可食用。

整肠效果分析

　　黄豆中的不饱和脂肪酸能有效滋润肠道，有助于促进排便，膳食纤维能吸收肠道的水分，使排便量增加。

黄豆甘薯饭

❀ 排毒整肠＋滋阴补气

● 热量 774.8千卡
● 蛋白质 25.6克
● 脂肪 10.2克
● 糖类 145克
● 膳食纤维 14.3克

■材料 *Ingredients*

黄豆…45克
糙米…100克
甘薯…1个

■做法 *Method*

1 将糙米与黄豆清洗干净，浸泡清水约2小时。
2 甘薯去皮切块，把糙米、黄豆放到电饭锅中，加入适量清水煮成饭，即可食用。

整肠效果分析

　　黄豆中丰富的膳食纤维与矿物质，能促进肠道消化顺畅进行，甘薯能帮助通便，糙米可有效清除肠道毒素废物。

健肠抗老补肾珍品

黑豆 *Black Bean*

■ **性质**：性平
■ **适用者**：肾脏病患者、心血管疾病患者
　　　　　　脾胃虚弱者、腰酸背痛患者
■ **不适用者**：过敏体质者

黑豆保健功效

- 促进消化
- 改善便秘
- 调整胃肠
- 治疗胃溃疡
- 增强免疫力
- 预防心血管病
- 美容养颜
- 消除疲劳

食疗效果

黑豆属于大豆的一种，又比大豆具备更丰富的铁与蛋白质。膳食纤维能帮助肠道蠕动，有利于通便，改善便秘症状。维生素E能发挥抗氧化效果，可防止身体衰老与致癌；丰富的B族维生素能增进肠道有益菌，不饱和脂肪酸则能促进胆固醇代谢，有效预防人体罹患心血管疾病；丰富的钙、铁、磷等矿物质，能保持人体酸碱平衡，有利于代谢作用进行。

主要营养成分	每100克中的含量
热量	371千卡
膳食纤维	18克
维生素E	2.1毫克
钾	1639毫克
磷	423毫克

医师提醒您

1. 黑豆与黄豆一样，都含有胰蛋白酶抑制剂，生食时酶会抑制蛋白质的吸收，容易引发腹泻，建议应该加热烹调再食用为宜。
2. 黑豆也是补肾佳品，自古中医就经常使用黑豆治疗肾脏虚弱的症状，以缓解水肿及腰部疼痛症状。

营养师小叮咛

1. 黑豆属性比较平和，适合各种体质者食用。多食用黑豆可有效帮助开胃与健胃。黑豆含铁量较一般豆类高，多食用可增强体质，对抗衰老，还可使头发乌黑亮丽。
2. 黑豆虽具有补益效果，但不要一次食用过多，以免造成消化不良或腹胀症状。

排毒成分 膳食纤维／不饱和脂肪酸／B族维生素／维生素E／皂苷／花青素

主要营养素	促进肠道健康的作用
膳食纤维	◆ 软化粪便；排毒；缓解便秘
不饱和脂肪酸	◆ 利尿排毒；润肠通便 ◆ 降低血胆固醇
B族维生素	◆ 促进肠道代谢；增加肠道有益菌
维生素E	◆ 促进肠道蠕动 ◆ 抑制肠道致癌物形成
皂苷	◆ 分解脂肪；促进消化
花青素	◆ 抗氧化；消除自由基

☀ 黑豆的整肠排毒营养素

❶ 皂苷

黑豆中含有一种皂苷，能帮助抑制脂肪吸收，促进脂肪分解，有助于预防动脉硬化症状。多吃黑豆也能有效预防肥胖，还能发挥解毒的功效。

❷ 膳食纤维

黑豆中膳食纤维的含量约占4%，比黄豆的纤维成分还高。膳食纤维能在肠道中充分吸收水分，使肠内的食物体积扩大，利于形成粪便。而且膳食纤维能有效稀释毒素，避免毒素对肠道直接感染，有助于提高肠道内的免疫能力。

❸ 不饱和脂肪酸

黑豆中约有19%的不饱和脂肪酸，能降低血中胆固醇，防止血管病变。不饱和脂肪酸还能滋润肠道，有助于润肠通便，改善粪便干燥引起的便秘症状。

❹ 花青素

花青素是使黑豆呈现黑色的营养元素，能帮助消除自由基，有助于抗氧化，能有效增强人体的免疫力，保持肠道健康。

黑豆这样吃最好!

✔ 煮水饮用　将黑豆直接放入锅中，加入适量清水熬煮，煮滚后直接饮用黑豆水。黑豆中的花青素会溶解在水中，通过饮用黑豆水，能促进身体对于花青素的摄取，增强身体免疫力。

✔ 直接煮汤　将黑豆与排骨、豆腐或鸡蛋一起煮汤，等黑豆煮到软烂时再食用。直接吃黑豆喝汤，能有效摄取黑豆汤汁中的花青素与维生素，同时还能摄取到完整的膳食纤维，有助于调整肠道蠕动，帮助缓解便秘症状。

✔ 研磨冲泡　将黑豆放入烤箱中干烤，使黑豆保持干燥，然后研磨成粉末放入密封罐中保存。每天取出20克，加入开水调成糊状，或加入粥中一起食用。黑豆粉能有效缓解便秘症状，同时也能滋补体力，保持充沛的精神体力。

注意事项　摄取黑豆不宜过量

黑豆的摄取量要注意节制，黑豆中含有豆蛋白成分，若人体摄取过多，会导致人体对于铁质的吸收量降低90%，容易引发缺铁性贫血。一般成人每日的摄取量以20～30克为限。

黑豆健肠料理

整肠效果分析

　　黑豆含有丰富的膳食纤维，能改善肠道的消化状况，豆腐皮中含有丰富的钙质，具有平衡肠道酸碱值的效果。黑豆中丰富的B族维生素更能促进代谢，加强肠道蠕动，创造更为优质的肠道环境。

黑豆豆腐皮汤

❀ 解毒补肾＋活血利肠

1
人份

- 热量 210.3千卡
- 蛋白质 23克
- 脂肪 7.9克
- 糖类 13.6克
- 膳食纤维 5.8克

■**材料** *Ingredients*

黑豆…30克

豆腐皮…50克

■**调味料** *Sauce*

盐…适量

■**做法** *Method*

① 将黑豆与豆腐皮清洗干净，将黑豆泡入冷水中约1小时，将豆腐皮切成长条。

② 把黑豆与豆腐皮放入锅中，加入清水煮成汤，煮沸时加入盐调味即可食用。

黑豆醋

❀ 改善肠道＋补肝健骨

1
人份

- 热量 450千卡
- 蛋白质 41.5克
- 脂肪 13.9克
- 糖类 45.7克
- 膳食纤维 21.8克

■**材料** *Ingredients*

黑豆…120克

■**调味料** *Sauce*

白醋…20克

■**做法** *Method*

① 将黑豆清洗干净，放入锅中，加入白醋煮软后熄火。

② 每次食用时，取出15克黑豆连同少许醋，加入热水冲泡饮用。

整肠效果分析

　　黑豆中的膳食纤维能增加肠道有益菌数量，有利于排便；而醋中所含的醋酸则可刺激肠道蠕动，帮助肠道消化作用顺畅进行；多吃黑豆醋能改善肠道的恶劣环境，有助于排除长期便秘症状。

整肠效果分析

　　黑豆浆中含有丰富的膳食纤维，能促进肠道的蠕动与消化，黑芝麻含有维生素E，能保持肠道活络状态，黑豆与红枣中的矿物质能调整肠道生态，防止便秘发生。

红枣枸杞黑豆浆

❀ 清肝明目＋活化肠道

1 人份

■材料 *Ingredients*

黑豆…80克
黑芝麻…40克
枸杞…30克
红枣…30克
糯米…100克
温开水…900克

- 热量 923.2千卡
- 蛋白质 34.5克
- 脂肪 26.8克
- 糖类 140.7克
- 膳食纤维 18.3克

■做法 *Method*

① 将全部材料清洗干净，并放入温开水中浸泡半小时。
② 材料泡完取出，全部放入果汁机中，再加入2杯清水打成浆状。
③ 将黑豆浆倒入锅中，以大火煮熟后，即可饮用。

黑豆胚芽饭

❀ 降胆固醇＋整肠通便

1 人份

- 热量 660.3千卡
- 蛋白质 36克
- 脂肪 13.7克
- 糖类 101.6克
- 膳食纤维 15.6克

■材料 *Ingredients*

胚芽米…300克　　黑豆…60克
温开水…300毫升　黄豆…50克

■调味料 *Sauce*

盐…2克

■做法 *Method*

① 将黑豆与黄豆清洗干净，沥干水分。
② 把锅烧热，放入黑豆与黄豆，小火干煎约15分钟，然后熄火放凉备用。
③ 将胚芽米清洗干净，放入电饭锅中加入温开水放置2小时。将黑豆与黄豆放入胚芽米中，加盐混匀。
④ 按下开关开始煮饭，煮好后充分搅拌翻动，再盖上锅盖焖10分钟即可。

整肠效果分析

　　黑豆胚芽米饭含有惊人的膳食纤维，能帮助整肠健胃，改善肠道无法代谢的现象。胚芽米与黄豆也含有丰富的B族维生素，能促进肠道蠕动，对于排毒很有帮助。

体内环保好帮手

苹果醋 *Apple Vinegar*

- **性质：** 性寒
- **适用者：** 孕妇、高血压患者、癌症患者、贫血者、神经衰弱者
- **不适用者：** 胃肠虚寒者、痛经患者 急性肠胃炎患者

苹果醋保健功效

- 促进消化
- 改善便秘
- 缓解疲劳
- 增强抵抗力
- 美容养颜
- 预防高血压

食疗效果

　　苹果醋是一种发酵性的调味饮料，含有多种有机酸，能促进人体的新陈代谢。苹果醋属于碱性物质，能将体内的酸性物质排出，保持肠道酸碱平衡。苹果醋还有刺激胃肠蠕动的作用，有助于润肠通便，其丰富的水溶性纤维能吸收胆固醇与脂肪，有效预防结肠癌；并且富含多种氨基酸，能中和胆固醇。

主要营养成分	每100克中的含量
热量	31千卡
蛋白质	2.1克
维生素B$_6$	0.33克
糖类	8.7毫克
钾	57毫克

医师提醒您

① 苹果醋有卓越的杀菌功效，要能有效防止肠道内的细菌作怪，最好的方法就是每天喝2汤匙苹果醋来抑制细菌生长。

② 苹果醋中的醋酸成分较多，肠胃功能较弱的人要尽量少摄取，避免引起肠胃不适症状。

营养师小叮咛

在熬制骨头汤或烹调鱼类时，不妨添加一些苹果醋，这样有助于促进食物中的钙、磷、铁质溶解出来，帮助人体充分吸收利用，并增强胃肠的消化功能，利于通便，解决便秘的困扰。

排毒成分	有机酸／柠檬酸／钾、钙、磷	
主要营养素	**促进肠道健康的作用**	
有机酸	◆ 杀菌，清洁肠道	
柠檬酸	◆ 软化粪便 ◆ 排毒 ◆ 消除便秘 ◆ 提振食欲 ◆ 促进消化 ◆ 调整肠胃	
钾、钙、磷	◆ 排毒；通便	

✳ 苹果醋的整肠排毒营养素

❶ 柠檬酸

苹果醋中的柠檬酸与多种有机酸能促进消化液分泌，有助于促进消化，帮助糖类代谢，提振食欲。

柠檬酸也是整肠高手，能促进肠胃蠕动，有助于调整肠胃，使代谢作用正常。有机酸成分能刺激大脑的神经中枢，促进消化器官的分泌增加，因而能强化消化功能，有助于防止便秘。

❷ 有机酸

苹果醋中的有机酸能发挥良好的杀菌作用，可以有效地杀灭肠道中的细菌，防止肠道发炎；有机酸也能清洁肠道，保护肠道健康，并且有助于清洁血管。

❸ 钾、钙、镁、锌、铁

苹果醋中含有大量矿物质，这些碱性物质能消除体内的疲劳物质，帮助调整体内的酸碱度，缓和压力，并改善压力引起的肠道消化不良症状。苹果醋中的矿物质也能改善肠道中的酸碱平衡状态，使肠道生态更利于有益菌生长，保持肠道的生态健康。其中苹果醋的钾元素与钙元素非常丰富，有助于稳定血压，对于预防高血压很有助益。

✳ 如何聪明食用苹果醋

❶ 调和温开水饮用

每次饮用时，取用2汤匙苹果醋，加入温开水调匀饮用。每天饮用一杯苹果醋水，可改善便秘症状。

❷ 早晚餐过后饮用

建议每天在早餐与晚餐过后，饮用一杯苹果醋水，促进消化吸收，改善便秘症状。

❸ 凉拌菜调味

各种蔬菜如黄瓜或莲藕凉拌小菜中，若加入苹果醋来调味，不仅增添小菜的风味，也能帮助杀菌，有效预防肠道感染。

苹果醋健肠料理

整肠效果分析

胡萝卜含有丰富的膳食纤维，能帮助清理胃肠，苹果醋则能刺激肠胃蠕动，强健肠胃运作，多吃苹果醋腌胡萝卜有助于净化肠道，使肠道保持健康。

苹果醋拌胡萝卜丝

❀ 杀菌净肠＋高纤减重

1
人份

- 热量 569千卡
- 蛋白质 23.1克
- 脂肪 1.5克
- 糖类 117.5克
- 膳食纤维 7.8克

■材料 *Ingredients*

胡萝卜…2根
苹果醋…150毫升

■调味料 *Sauce*

冰糖…1小匙

■做法 *Method*

① 胡萝卜去皮，切成细丝。
② 将胡萝卜丝放入密闭容器中，倒入苹果醋，并加入冰糖拌匀混合。
③ 盖上盒盖，放置2天即可食用。

绿茶梅子醋

❀ 净血排毒＋养颜防老

1
人份

- 热量 72.6千卡
- 蛋白质 3.3克
- 脂肪 0克
- 糖类 14.9克
- 膳食纤维 0克

■材料 *Ingredients*

腌渍梅子…4颗
苹果醋…25毫升
绿茶粉…20克
热开水…500毫升

■做法 *Method*

① 将梅子浸泡在热水中冲泡成梅子汁。
② 绿茶粉以500毫升热开水冲泡成茶汤。
③ 把梅子汁与绿茶一起混合，再加入苹果醋调匀即可饮用。

整肠效果分析

梅子能刺激胃肠蠕动，有助于消除宿便，绿茶能帮助胃肠消化，苹果醋能促进消化道分泌。多喝这道茶饮能保持胃肠正常运作，有利于排除宿便。

整肠效果分析

　　水果中丰富的膳食纤维能促进肠胃蠕动，有助于增加肠道有益菌的数量，苹果醋则能帮助肠道消化，多喝苹果醋果汁有利于通便，并且可以排除堆积在体内的宿便。

什锦水果醋饮

❀ 清除宿便＋提升体能

1
人份

- ● 热量 131.1千卡
- ● 蛋白质 4.5克
- ● 脂肪 0.2克
- ● 糖类 29克
- ● 膳食纤维 2.2克

■材料 *Ingredients*

苹果…50克
番石榴…30克
胡萝卜…20克

■调味料 *Sauce*

苹果醋…30毫升

■做法 *Method*

❶ 将苹果、番石榴、胡萝卜清洗干净切块。
❷ 将所有水果材料放入果汁机中，打成果汁。
❸ 在果汁中加入苹果醋即可饮用。

田园蔬菜沙拉

❀ 轻身美白＋健肠排毒

1
人份

- ● 热量 324.1千卡
- ● 蛋白质 8.8克
- ● 脂肪 13.2克
- ● 糖类 43.7克
- ● 膳食纤维 3.9克

■材料 *Ingredients*

西芹…60克
胡萝卜…40克　玉米…30克
小番茄…30克　裙带菜…30克

■调味料 *Sauce*

橄榄油…10毫升　苹果醋…50毫升

■做法 *Method*

❶ 将所有蔬菜洗干净，切块；裙带菜泡入水中，切段。全部摆放在大盘上。
❷ 把苹果醋与橄榄油混合，再淋在上述的材料上，即可食用。

整肠效果分析

　　各种蔬菜中含有大量粗纤维，能促进肠道代谢毒素，裙带菜中的胶质能吸附肠道污物，苹果醋可促进肠道蠕动，有利于保持肠道洁净，使肠道保持健康。

润肠美容

蜂蜜 *Honey*

- **性质：** 性平
- **适用者：** 孕妇、便秘患者、神经衰弱者
- **不适用者：** 未满周岁的婴儿、
  糖尿病患者、肥胖患者

蜂蜜保健功效

- 促进消化
- 调整胃肠
- 增强免疫力
- 美容养颜
- 改善便秘
- 预防胃溃疡
- 改善高血压
- 消除疲劳

食疗效果

蜂蜜含有丰富的维生素E，具有滋润肌肤与修护细胞的疗效，维生素E也能增强人体免疫力，保护细胞免于氧化。蜂蜜中的钙与磷，能调节神经功能，促进肠胃正常蠕动，并改善食欲，发挥健胃与整肠的优异功能。蜂蜜含多种活性酶，能促进人体新陈代谢；寡糖更有促进肠道有益菌增殖的效果，有助于润肠通便。

主要营养成分	每100克中的含量
热量	323千卡
蛋白酶	345毫克
乙酰胆碱	1200微克
钾	25毫克
钙	8.11毫克

医师提醒您

1. 蜂蜜含有相当高的葡萄糖成分，因此在冰箱中冷藏时，或在室温13℃以下时会出现结晶现象，属于正常的物理现象，不会影响蜂蜜的品质，可安心食用。

2. 避免将蜂蜜高温加热饮用，超过60℃的高温会使得蜂蜜的维生素与酶等物质流失。

营养师小叮咛

1. 蜂蜜含多种维生素，具有修护效果，如果有失眠症状，建议可在夜晚睡前饮用一杯蜂蜜水，能促进睡眠，使肠胃在睡前获得滋润，促进消化。

2. 蜂蜜含较多活性成分，打开后应该趁新鲜食用完毕。未吃完的蜂蜜应该将瓶盖盖紧，放在干燥阴凉通风处保存。

排毒成分 **寡糖 / 维生素E / 有机酸 / 消化酶**

主要营养素	促进肠道健康的作用
寡糖	◆ 调整胃肠；有利于有益菌繁殖 ◆ 增强肠道生态健康；促进肠道蠕动 ◆ 增强肠道免疫力
维生素E	◆ 利尿、排毒；镇静舒缓肠道压力 ◆ 促进肠道蠕动；抑制肠道致癌物形成
有机酸	◆ 促进消化液分泌
蛋白酶	◆ 排除肠道毒素 ◆ 防止有害菌在肠道腐化

蜂蜜的整肠排毒营养素

❶ 寡糖

蜂蜜中的寡糖是一种低聚糖，由两个以上的单糖构成。寡糖能促进肠道中有益菌繁殖，有效提高肠道的免疫力。蜂蜜中的寡糖无法被胃部与小肠吸收，到达大肠后，会成为乳酸菌的食物，有助于促进肠道健康，防止肠道老化。

❷ 蛋白酶

蜂蜜中的酶具有卓越的促进消化作用，能发挥排毒与防腐的功效，并防止有害菌在肠道中腐化，有效促进有益菌生长，发挥保健肠道的作用。

❸ 有机酸

蜂蜜中含有多种有机酸，能促进肠道消化液分泌，有助于改善消化，发挥润肠通便的作用。

❹ 维生素E

蜂蜜中的维生素E也能抑制肠道内部致癌物的形成，或抑制各种肠道内的致癌因子。维生素E也具有修护细胞与维护皮肤复原的疗效，能有效愈合胃肠溃疡伤口，防止溃疡发炎恶化。

蜂蜜这样吃最好!

✔	空腹吃	空腹饮用蜂蜜效果最好。因为空腹进食时，肠道的蠕动速度最快，此时饮用蜂蜜能发挥更好的润肠效果。
✔	温水冲泡	使用温开水冲泡蜂蜜饮用最为合适，过冰或过热的温度都很容易破坏蜂蜜的营养结构。运用蜂蜜清肠的时间为夜晚，建议在每天晚间睡觉前取蜂蜜10～20毫升，加入适量温开水饮用。
✔	加热饮用	有胃溃疡症状者，建议将蜂蜜加热10分钟再饮用，一日三餐饭前饮用，能有效缓解胃溃疡与十二指肠溃疡症状。
✔	与黑芝麻混着吃	将黑芝麻蒸熟后捣碎，加入蜂蜜水调匀饮用。黑芝麻的丰富纤维与蜂蜜的寡糖能有效治疗便秘，也能改善高血压的症状。

⒩⒤⒠⒫ 糖尿病患者、肥胖者慎食蜂蜜

蜂蜜含糖量较高，糖尿病患者应该避免使用蜂蜜清肠法。同时蜂蜜也属于高热量的食物，有减肥需求的肥胖者也应该节制食用蜂蜜，以免较高的糖分影响减肥效果。

蜂蜜健肠料理

整肠效果分析

　　蜂蜜中的寡糖能促进肠道中有益菌增殖，帮助调整胃肠，有效提高肠道的免疫力；香油能有效滋润肠道，能改善排便不顺现象。

香油蜜茶

❀ 舒缓便秘＋健肠通便

1 人份

- 热量 362.3千卡
- 蛋白质 0克
- 脂肪 25克
- 糖类 36.7克
- 膳食纤维 0克

■材料 *Ingredients*

蜂蜜…45克
温开水…900克

■调味料 *Sauce*

香油…25克

■做法 *Method*

① 将蜂蜜放入大碗中搅拌均匀，一边搅拌一边将香油加入混合搅拌。

② 用温开水缓慢加入混合，搅拌均匀后即可饮用。

蜜蒸芝麻

❀ 润燥止痛＋清热通肠

1 人份

- 热量 620.3千卡
- 蛋白质 4.9克
- 脂肪 13.5克
- 糖类 127.2克
- 膳食纤维 2.3克

■材料 *Ingredients*

蜂蜜…150克
黑芝麻…25克

■做法 *Method*

① 将黑芝麻磨碎，混入蜂蜜中。

② 将蜂蜜芝麻放入电饭锅中蒸熟，每天早晚食用2次。

整肠效果分析

　　蜂蜜与芝麻都有助于润肠通便，芝麻含有丰富的脂肪，能提供丰富的油脂并润泽肠道，以迅速改善便秘症状。

蜂蜜中的维生素E能帮助舒缓肠道压力，并有助于增强肠道免疫力；藕粉的纤维能促进肠道蠕动，对于整肠有极大的帮助。

蜂蜜藕粉

❀ 清肺防癌＋舒缓肠道压力

1 人份

- 热量 564.2千卡
- 蛋白质 0.2克
- 脂肪 0.2克
- 糖类 142.6克
- 膳食纤维 0.4克

■材料 *Ingredients*

藕粉…120克
蜂蜜…3大匙

■做法 *Method*

① 将藕粉放入锅中，加入适量清水调匀后，以微火烧煮。

② 一边煮一边搅拌，直到藕粉液体呈现透明状即熄火（浓稠度可依个人喜好调整），调入蜂蜜拌匀即可。

蜂蜜葡萄柚汁

❀ 美肤除痘＋活化肠道

1 人份

- 热量 354千卡
- 蛋白质 3.6克
- 脂肪 1.6克
- 糖类 87.9克
- 膳食纤维 6.0克

■材料 *Ingredients*

葡萄柚…2个
蜂蜜…4大匙

■做法 *Method*

① 将葡萄柚去皮切块，放入果汁机中。

② 加入蜂蜜一起打成果汁，即可饮用。

整肠效果分析

葡萄柚含有丰富的维生素C，能促进肠道消化，丰富的粗纤维能代谢肠道毒素，可润肠通便，有效清除面疮。

205

健康低热量黄金好油

橄榄油 *Olive Oil*

- **性质：** 性平
- **适用者：** 高血压患者、心血管病患者、便秘者
- **不适用者：** 胃肠虚寒者、痛经患者
  急性肠胃炎患者

橄榄油保健功效

- 促进消化
- 改善便秘
- 降低血压
- 降低胆固醇
- 预防癌症
- 抗衰老
- 预防心血管疾病
- 滋润肠道

食疗效果

橄榄油是地中海地区人民的日常食用油，其中光是亚油酸就约占70%，能有效对抗氧化，也能帮助降低胆固醇。丰富的维生素E与胡萝卜素有助于防止氧化，增强人体的免疫力。

丰富的亚油酸也能滋润肠道，常食用橄榄油也能有效促进胃肠蠕动，所有的植物油中只有橄榄油含有胡萝卜素，使得橄榄油成为抗老化的特效食物。

主要营养成分	每100克中的含量
热量	899千卡
铁	0.4毫克
维生素E	8毫克
脂肪	92克
不饱和脂肪酸	73克

医师提醒您

1. 橄榄油虽属健康食物，然而其中亚油酸成分仍高，若大量摄取很容易导致热量过剩，肥胖者应该节制食用。
2. 保存橄榄油时应该避免阳光直接照射，也要避免存放在高温处。橄榄油打开后，应该在45天内尽快食用完毕，同时要旋紧瓶盖，避免橄榄油吸附异味。

营养师小叮咛

1. 市面上橄榄油的种类很多，通常油品颜色呈现暗绿色，且散发强烈橄榄气味者，为品质较佳的橄榄油。较高等级的橄榄油不适合用来高温烹调，最好用来作为凉拌佐料或调入果汁饮品中。
2. 橄榄油若气味较淡，可能是化学方式制油，购买时仍需参考产地与认证。

排毒成分

亚油酸 / 胡萝卜素 / 维生素E / 多酚

主要营养素	促进肠道健康的作用
亚油酸	◆ 软化粪便；排毒；降低胆固醇 ◆ 抗氧化；消除便秘
胡萝卜素	◆ 抑制癌细胞生成 ◆ 杀除致癌细胞；增强免疫力
维生素E	◆ 促进肠道蠕动活跃 ◆ 抑制肠道致癌物形成
多酚	◆ 防止致癌物质活性化 ◆ 抗氧化

☀ 橄榄油的整肠排毒营养素

❶ 亚油酸

橄榄油中含有一种丰富的亚油酸，属于不饱和脂肪酸，能帮助润肠通便，有效滋润肠道，改善肠道干燥引发的便秘现象。不饱和脂肪酸也能促进血脂代谢，能有效防止动脉硬化。

❷ 维生素E

橄榄油含有丰富的维生素E，可帮助促进肠道蠕动，使肠道的运作更为活跃。

维生素E也能抑制肠道内部致癌物的形成，具有修护细胞与维护皮肤复原的功效，能有效愈合胃肠溃疡伤口，防止溃疡恶化。

❸ 多酚

橄榄多酚能发挥抗氧化的作用，可抑制致癌物质在人体中的活性化，有助于保护身体对抗氧化，防止致癌物质侵袭肠道。

❹ 胡萝卜素

胡萝卜素具有增强肠道免疫力的功效，能防止肠道出现癌变。胡萝卜素能在摄取后，有效增强人体的维生素含量，并形成抗体，防止人体受到氧化侵袭。

☀ 如何聪明吃橄榄油

❶ 直接饮用

将橄榄油当作养生饮品，可每天直接饮用大约3汤匙分量的橄榄油，建议于每天晚上睡觉前饮用，能有效舒缓慢性便秘症状。

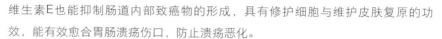

❷ 加入果汁中饮用

加入2汤匙橄榄油到打好的新鲜果汁中，与新鲜果汁一起饮用。

❸ 当作佐料油

冷压的橄榄油可以作为凉拌菜的酱汁佐料，添加些许醋与水果汁，能增添凉拌菜的良好风味。

橄榄油健肠料理

整肠效果分析

　　罗勒叶拌成的沙拉，味道芳香，具有杀菌与解热的作用，能够健胃、助消化；橄榄油则能润肠通便，有助于增强肠道的免疫力。

油醋拌罗勒西蓝花

❀ 开胃杀菌＋改善便秘

1 人份

■材料 *Ingredients*

罗勒叶…4片
西蓝花…100克

- 热量 111.4千卡
- 蛋白质 2.0克
- 脂肪 10.1克
- 糖类 4.2克
- 膳食纤维 2.2克

■调味料 *Sauce*

盐…1小匙
醋…2小匙
橄榄油…3小匙

■做法 *Method*

1. 西蓝花菜切成块，放入沸水中略煮后取出，撒上些许盐放凉。
2. 罗勒叶切成细碎状备用。在大碗中混合搅拌橄榄油、盐与醋，做成橄榄油醋。
3. 在碗中摆好西蓝花，撒上罗勒叶，淋上橄榄油醋搅拌即可。

欧风特调果汁

❀ 高纤排毒＋美颜降压

1 人份

■材料 *Ingredients*

苹果…1个　　番茄…1个
柠檬…1/4个　芹菜…20克
西芹…10克

- 热量 166.3千卡
- 蛋白质 2.0克
- 脂肪 5.6克
- 糖类 29.8克
- 膳食纤维 4.8克

■调味料 *Sauce*

橄榄油…1小匙

■做法 *Method*

1. 将芹菜及西芹洗净备用，芹菜切成段状，西芹切碎。
2. 苹果与番茄洗干净，苹果去皮、去核，切成小块状。番茄去蒂切成块状。
3. 柠檬榨成柠檬汁备用。
4. 将所有材料放进果汁机里打成果汁，加入柠檬汁与橄榄油拌匀即可饮用。

整肠效果分析

　　这道蔬果汁中含有大量的膳食纤维，能帮助清除肠道毒素废物，提高肠道抵抗力。橄榄油则能降低胆固醇，降低高血压的发生率。

大蒜橄榄油

❀防癌抗老＋健脑养生

1 人份

- 热量 1113千卡
- 蛋白质 2.3克
- 脂肪 120.2克
- 糖类 11.4克
- 膳食纤维 1.7克

■材料 *Ingredients*

大蒜…20瓣

■调味料 *Sauce*

橄榄油…1/2杯

■做法 *Method*

① 大蒜拍碎去皮，放入密封瓶中。
② 将橄榄油加热至微温，然后倒入密封瓶中，完全覆盖住大蒜。
③ 把瓶盖旋紧，放在阴凉之处静置。
④ 过7天后将油盖打开便可取出使用，可当作烹调时调味的材料，也可作为凉拌之用。

整肠效果分析

可将做好的大蒜橄榄油当作是烹饪食物的调味料，也可作为蘸酱或配菜。大蒜能帮助清除肠道中的毒素、病菌，橄榄油能滋润肠道，促进肠道蠕动消化。

紫苏番茄佐橄榄油

❀改善便秘＋润肠通便

1 人份

■材料 *Ingredients*

小番茄…3颗
面包屑…100克
核桃仁…50克
紫苏…5克

- 热量 1135.7千卡
- 蛋白质 26.3克
- 脂肪 68.4克
- 糖类 114.5克
- 膳食纤维 12.3克

■调味料 *Sauce*

盐…1小匙　　　　胡椒…1/2小匙
橄榄油…2大匙

■做法 *Method*

① 将小番茄洗干净，在每个小番茄上方挖一个圆形洞，将番茄籽挖出。
② 把面包屑与核桃仁、紫苏充分混合搅拌，加入盐与胡椒，当成馅料。
③ 将上述的馅料填入每个小番茄中。
④ 浇上橄榄油，放入烤箱中以300℃烤15分钟即可。

整肠效果分析

紫苏能促进肠道分泌消化液，具有促进消化的功效；番茄中的果胶能代谢肠道毒素，橄榄油能润肠通便，改善便秘症状。

第 3 篇

肠道身体革命

你知道肠道也有年龄吗

肠道老化会引起各种疾病

甚至可能诱发癌症

改正错误的饮食生活习惯

才能拥有干净的肠道和健康的身体

Chapter 1
肠道保健常见问题

你是否觉得便秘只是小问题，不需太担心呢？而便秘对身体的影响，是否也让你百思不得其解？以下7个常见肠道保健问答，不仅解决你对肠道健康的疑惑，也可以让你更了解内部消化器官的奥秘。

为什么女性比男性更容易便秘

生理构造的关系，使女性较易便秘

A 女性子宫在骨盆腔的部位挤压直肠，使乙状结肠的弯曲程度增加，因而使粪便通过直肠的时间更为缓慢，因此容易出现便秘症状。女性一般比男性更喜欢安静，不喜欢运动，因此腹肌力量比较薄弱，导致无法产生足够的力量来排便。

肠道内的细菌是有害的，还是有益的

有有益菌也有有害菌，两者相互对抗

A 肠道中有有益菌也有有害菌，有益菌有利于人体健康，有害菌则会产生腐败物质或毒素。有益菌与有害菌在肠道中呈现相互对抗的状态，当肠道内的有益菌家族成员数量占多数时，能抑制有害菌的生长，减少肠内的腐败物质堆积，并保持肠道通便顺畅，肠道自然也会保持健康。

过度减肥会造成便秘吗

食物残渣过少，无法刺激结肠，就容易便秘

A 不正常的节食会导致进食量缩减，肠道内的食物残渣也会减少，如此就无法提供结肠足够的刺激，便秘就很容易发生。由于进行节食，每餐只进食一点点，因此肠道内的食物量过少，体积不足，无法有效刺激大脑的排便中枢来发出排便的反射指令。加上节食期间拒吃脂肪类食物，肠道内无法获得适当的油脂润滑，因而会影响排便的顺畅性，导致便秘情况更趋严重。

为什么便秘不是小问题

便秘恶化会使抵抗力降低，引发各种疾病

千万不能小觑便秘。当便秘持续恶化时，肠道会逐渐呈现老化现象，对于细菌与病毒的抵御能力会降低，很容易引发大肠癌、乳腺癌、肝病或心血管疾病上身。便秘不仅会逐渐造成身体的各种慢性疾病，也会使身体的抵抗力降低，使身体细胞逐渐老化。

便秘时为什么会出现口臭呢

宿便产生的毒素扩散到口腔时，便引发口臭

长期堆积在肠道的宿便就是引发口中恶气的根源。长期的便秘，使得腹部堆积宿便，宿便在有害菌的异常发酵作用下，会产生各种毒素。当毒素无法通过粪便排出体外时，会透过血液循环作用流到身体各器官中。如果毒素扩散到鼻咽部与口腔时，会引发口腔与相关器官的疾病，因而引发腐败性的口腔臭气。除了便秘会造成口臭之外，其他原因还包括：牙周病、鼻涕倒流、胃食管反流、感染幽门螺杆菌、肝肾疾病等。

为什么长期便秘会使皮肤变差呢

当宿便的毒素透过皮肤排毒时，肌肤状况自然变差

肠道环境开始恶化时，毒素会在肠道中开始活跃，并透过皮肤排毒。皮肤表层排出的毒素，最常引发黑斑，也会使皮肤越来越粗糙，甚至使肌肤失去光泽，这都是便秘引发的毒素所导致的肌肤问题。

想要使皮肤保持漂亮，必须保持肠道干净畅通，将肠道内的老废毒素排出体外，杜绝肠内的物质转成毒素，流入血液中。

吃太多肉比较容易便秘吗

肉类没有膳食纤维，会影响排便的顺畅性

经常吃肉类，肠道会在新陈代谢的过程中产生大量毒素，对肠胃造成很大的负担。肉类中完全没有膳食纤维的成分，饮食中若大量吃肉，缺乏膳食纤维的调节与刺激，肠道无法有效蠕动，自然会出现排便的障碍。若缺乏高纤维蔬菜与水果的正常摄取量，将会严重影响排便的顺畅性。

Chapter 2
肠道年龄与健康

肠道老化是什么意思？为何肠道也有年龄呢？所谓的肠道年龄就是透过肠道中细菌的平衡程度，来判断肠道的老化状态。肠道中细菌的平衡与否，也可用来判断罹患现代慢性病的发生概率。以下介绍与肠道老化有关的各种健康问题。

认识肠道老化

过去人们不仅以实际的生理年龄来判断一个人的生理状态，也会加上心理年龄指标，来衡量一个人的活力指数。现今，除了生理年龄与心理年龄外，人们又加上肠道年龄来衡量一个人的年轻状态。

肠道老化绝对不是老年人的专利，很多人误以为肠道的年龄是伴随着人体的生理年龄，但事实却正好相反。肠道年龄往往能反映一个人的体质状况，也能看出一个人的健康指数，因此肠道的年龄攸关着现代人的健康。

🫀 肠道也有年龄

何谓健康的肠道年龄呢？一个健康的人的肠道年龄通常会与他的实际生理年龄相符。肠道在正常情况下，会随着人体的生长与自然代谢，呈现出符合该年龄的健康状态。

当我们提到肠道老化时，指的就是肠道内有益菌与有害菌的失衡状态。当肠道中有益菌大幅度减少，而有害菌不断地滋生，如此肠道就出现活力衰退的疲劳现象，肠道衰老于是产生。

当肠道中有益菌数量较多时，肠道的代谢能力就会很活跃，消化吸收能力也较好，肠道中的毒素与废物也能顺利排出体外，人体自然就能保持健康与活力，因此我们会说有益菌数量多的肠道"较年轻"。

而且当肠道中的有害菌数量取得压倒性胜利时，导致各种便秘与消化不良症状很容易出现，这时各种慢性病症也比较容易发生，这种情况出现时，我们会说这样的肠道"呈现老化"。

🫐 肠道老化非老年人专利

近年来，肠道老化的现象早已经不是老年人的专利。由于不健康的生活方式，使许多年轻人与成年人的胃肠消化能力出现问题，有些研究甚至发现大多数年轻人的肠道年龄，竟然出现提前衰老的趋势。

中学生：至少有56%以上的高中学生，其肠道年龄比实际生理年龄要老20岁。年轻的高中女学生，正常状态下体内应该有10%～15%的有益菌，然而根据调查却显示，女学生体内的有益菌比例只剩下千分之一，而有害菌却明显不断增加。

中学生出现肠道提早老化的原因，主要是现今中学生的学习压力大，每天要应付各种考试压力，下课后往往直接前往辅导班，因此晚餐大多依赖速食或各种精致食物。缺乏纤维的饮食、少喝水、大量喝市售含糖饮料，再加上每日的课业压力，自然很容易造成中学生的肠道老化。

高蛋白饮食容易致癌

高蛋白的饮食在肠内消化作用后会形成氨基酸，并通过肠内的细菌作用，制造出致癌的各种胺类物质。高蛋白食物更容易在肠道中形成致癌物质。

上班族： 上班族在办公室工作，往往一坐就是一整天，同时也要面对庞大的工作压力与紧张的节奏，加上中餐与晚餐都依赖外食，若加上夜晚加班，往往导致饮食与生活作息的不协调。这种生活方式会影响肠道消化与吸收，也容易抑制肠道的蠕动，长久下来自然造成肠道的衰老现象。

🫐 肠道为什么容易生病

肠道是人体内工作最辛苦的器官之一。由于肠道每天都必须消化与吸收进入人体的各种食物，以供应体内各器官与细胞充足的养分。如果肠道出现衰老现象，身体的细胞也会跟着衰败。

肠道是人体最大的免疫器官，而大肠则是人体中最容易生病的器官。人体中有70%以上的淋巴组织都分布在肠道中，人体的免疫力往往通过肠道有益菌与有害菌的平衡来判断。

如果肠道中经常堆积大量毒素，肠道就会受到有害菌感染而引发各种消化问题，人体的免疫能力也会逐渐下降，若是没有改善肠道的细菌来平衡，最终会导致罹患各种慢性病症。

肠道易老的4大族群

肠道易老化的族群通常与他们的饮食习惯有关，比如少吃蔬菜多吃肉的外食者、肉食者，常吃夜宵的人，或是生活方式不健康，日夜颠倒压力又大的人，这些人的肠内有益菌偏少，而有害菌过多，很容易造成肠道生态恶化，产生各式各样的疾病。

肠道容易老化的4大族群

❶ 外食＆肉食主义者

❷ 夜猫族

❸ 压力过大的人

❹ 很少喝水者

族群 ❶ 外食及肉食主义者

你平日的饮食是以蔬果居多，还是肉类居多呢？如果你平常喜欢吃油腻的肉类饮食，可要小心了！肠道老化的症状会提早找上你！

经常吃肉类或平常大量依赖精致食物的人，由于受到偏食的习惯影响，体内普遍缺乏膳食纤维，没有膳食纤维的调节与刺激，肠道无法有效蠕动，自然会出现排便的障碍。

蔬菜中含有丰富的膳食纤维，膳食纤维能促进肠道的蠕动，有效清理肠道，促使肠道中的毒素排出体外，因此就能减少各种疾病的发生。若没有正常摄取蔬菜与水果，将会严重影响排便的顺畅性，导致便秘。

肉类缺乏纤维质

经常摄取大量的肉类或油腻饮食，肠道会在新陈代谢的过程中产生大量毒素，使肠胃形成很大的负担。

人体的排泄系统是为了消化高纤维食物而存在的，然而现在大多数食品都经过精制，而且很多人爱吃动物性食物，而肉类食物又欠缺纤维素，当人体缺乏纤维质时，排泄系统就会难以发挥原本的功效，很容易引发各种病变。

纤维素摄取不足时，很容易使身体饥饿，不知不觉就会摄取过量食物，最终会导致血糖值、血脂过高，身体也会变得肥胖。

肉吃太多的影响

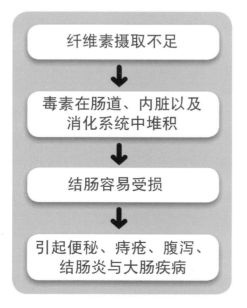

零食、速食使胃肠不适

外食为了卖相好看，往往会在烹调食物的过程中加入大量的油脂，来增添食物的油亮外观，此外为了食物保存的便利性，大多数肉类食物会采取油煎或油炸的方式烹调，经常摄取这类食物，往往会造成胃肠的负担。如果经常吃速食，如汉堡、鸡肉以及薯条等食物，这些采取油炸烹调的食物，长久下来，自然会引发胃肠的不适。

零食与速食中含有大量的油脂，却严重缺少纤维质，这类食物难以使人消化，无法有效刺激肠胃蠕动，因此有些零食一族一星期只排便一次。

速食与零食族因为长期摄取蛋白质与脂肪，肠道欠缺纤维素刺激消化，高蛋白食物所代谢的物质很容易造成肠道老化，使肠道中的有益菌逐渐减少，而有害菌却逐渐增加。一段时间下来，代谢不良的结果会引发头痛、晕眩，并使皮肤出现粗糙现象，长期下来将使胃肠受折磨，而造成了慢性便秘。

外食含大量化学添加剂

蔬菜类通常比较不耐保存，餐饮业者在贩卖各种速食时，仅能提供少量的蔬菜。速食中常见的蔬菜是土豆，然而土豆往往使用油炸方式烹调，因此能摄取到的蔬菜营养是少之又少。若经常吃速食，长久下来就会导致身体中的纤维素不足，很容易引发便秘，使肠道老化越来越严重。

人造奶油不能吃太多

西点中的油脂像炼乳、人造奶油或烤肉使用的奶油块，大多是化学合成奶油。化学合成奶油不同于天然的动物性油脂，它经过加工处理，在化学结构上呈现反式链接，是一种反式脂肪酸，因此人造奶油比真正的动物性奶油耐高温烹调。

由于化学合成奶油并不存在于自然界，当人体摄取化学合成奶油时，并没有办法被人体吸收。根据多项流行病学研究发现，反式脂肪酸吃得越多，不仅会造成肝脏功能异常，导致毒素无法进行过滤与代谢，甚至破坏人体肠道健康，引发各种代谢性的疾病，提高心血管疾病及动脉硬化发生的风险。

肉吃太多对身体的危害

对身体的不良影响	产生症状
❶ 肠道环境逐渐恶化	便秘、宿便
❷ 肠道开始出现腐败现象	肠道废气、腐败菌活跃
❸ 肝脏与肾脏功能低下	肝脏与肾脏机能出现障碍
❹ 体内酸性物质变多	血液受到污染、细胞活动迟缓
❺ 慢性病开始出现	出现癌变、心血管疾病
❻ 老化提早发生	皮肤老化、粗糙、长斑点

外食&肉食族如何改善肠道健康

❶ **一周吃两天素食：** 多摄取足够的植物性食物，植物性食物的纤维素能使身体产生饱腹感，有助于抑制食欲，也能帮助控制热量的摄取。每周吃两天素食，能使胃肠充分休息。

❷ **自己烹调：** 唯有通过自己烹调，才能制作出低油脂与营养均衡的食物内容。使用蒸、煮或凉拌的烹调方式，能有效地使食物中保持更多的营养成分，比吃外食摄取到更多的营养，使你的肠道更为健康。如无法自己烹调，需要借助外食时，不妨参考右页表格的外食饮食搭配法则。另外中午自己准备便当，尽量避免外食，如此才能有效杜绝不健康的饮食。

❸ **自己采买食材：** 每周采买1次食材，能帮助你充分掌握所需摄取的营养，同时一周采买1次也能有效节约，避免食物浪费。

❹ **应酬时多吃蔬菜：** 出席无法拒绝的应酬时，尽量多选择摄取含有纤维质的蔬菜，避免只吃高蛋白的肉类与精制食物。

外食及肉食者肠道老化的主因

❶ 有偏食习惯，很多食物不吃
❷ 蔬菜水果吃得很少
❸ 很少吃粗纤维食物
❹ 食物过于精致
❺ 吃得太油腻

外食者如何吃才健康

外食地点	便利商店	面摊	快餐店	自助餐店
餐点选择	❶ 黄瓜火腿三明治＋魔芋冻 ❷ 饭团＋生菜沙拉 ❸ 酸奶	❶ 汤面＋海带丝 ❷ 干面＋凉拌黄瓜 ❸ 馄饨面＋烫青菜	❶ 玉米粒沙拉＋浓汤 ❷ 自备水果（如苹果、香蕉）	❶ 豆腐＋炒蔬菜＋绞肉炒黄瓜 ❷ 尽量多选择蔬菜类，搭配少量的肉类

外食族怎么吃最健康

　　根据以下的搭配原则来挑选食物，相信你也能拥有均衡健康的外食生活，彻底远离肠道老化的危机!

　　商店：主菜可以挑选黄瓜火腿三明治搭配帮助消化的枸杞冻，或是饭团加生菜沙拉，尽量摄取蔬菜。饮料可以选择帮助肠胃蠕动的酸奶。

　　饭店：吃汤面加海带丝；吃干面配凉拌黄瓜；吃馄饨面加烫青菜。总之不要只单点面，应该再搭配其他较清淡的小菜。

　　快餐店：尽量不要点高油脂高热量的炸鸡、薯条搭配可乐，选择油脂量没有这么多的玉米沙拉加浓汤，最好自备水果（如苹果或香蕉）。

　　自助餐：尽量选择蔬菜类作为主食，搭配少量的肉类。以六大类食物的均衡摄取为原则。例如豆腐加炒青菜加上绞肉炒黄瓜。

族群 ❷ 夜猫族

夜猫族肠道老化的主因

❶ 晚上经常熬夜，早上起得晚
❷ 以夜宵替代晚餐
❸ 睡眠不足
❹ 错过早晨的黄金排便时间（早上5～7点是大肠蠕动的最佳时间）

　　许多人由于工作缘故，经常在夜晚熬夜加班，导致生活作息日夜颠倒。长期不规律的生活模式，会将人体的生理时钟打乱，也会影响人体原本正常运作的消化系统。

　　三餐没有定时，经常熬夜，胃肠往往无法在正常的时间内进行消化，长时间下来就会出现便秘。

　　人体内部的生理时钟被打乱后，会逐渐破坏大脑对于身体各部位的正确指令，消化系统的排便无法有效正常运作；排便时间长期不固定，最后会造成便秘。

熬夜干扰胃肠内分泌

夜猫子在熬夜一段时间后，感觉饥饿时，会吃大量的零食或各种油炸食物，这种长期熬夜与深夜进食的生活状态，会使人的作息颠倒，胃肠功能出现紊乱，便秘与肠胃疾病也就跟着来。

经常性的熬夜会干扰人体的神经系统，人体的生理时钟被严重干扰，导致内分泌系统出现紊乱现象，长久下来会引发神经衰弱、食欲不振，进而引发便秘。长期的睡眠不足，甚至会导致高血压与胃溃疡发生。

消夜导致肥胖、失眠

夜晚时间支配人体肠胃功能的副交感神经会比白天活跃，肠胃对于食物的消化吸收能力也相对增强。

如果夜晚摄取过多高热量的食物，很容易导致过胖、失眠、记忆力衰退等现象。

夜猫族如何改善肠道健康

❶ **尽量提早休息**：改变睡眠习惯，尽量不要太晚入睡，有工作也不要熬夜，养成分配时间与计划的习惯，为了胃肠的健康，务必要在深夜12点以前睡觉。

❷ **睡前不吃高脂肪食物**：睡前3小时不吃高脂肪与高蛋白的食物，如果因为工作饥饿，可以摄取少量水果，如此能使肠道正常运作。

族群 ❸ 压力过大者

压力过大者肠道老化的主因

❶ 生活节奏过快
❷ 没有时间休息
❸ 情绪紧绷
❹ 赶时间
❺ 压力过大

你平常的生活步调是否过于匆促紧张？早餐与午餐是否都是匆匆解决？是否几乎没有好好地坐下来吃过一顿饭？

或许你没有察觉，压力不断地在影响你的消化系统。当你精神紧绷时，你的胃肠也会有所感应，长久下来胃肠系统就会变得非常敏感，而这往往是肠胃发生胀气的主要原因。

情绪影响肠道健康

医学上的临床证明已经发现，约有65%的胃病患者，因为心理的原因而导致胃部发生病变。根据调查显示，现在都市人的排便量与20年前相比，急速下降约20%，都市生活节奏的快速与压力正逐渐威胁着人体的肠道健康。

我们的肠子就像是人体的第二个大脑一样，肠子里面布满约一亿个神经元与数十个神经感测器，因而肠子容易受到紧张或压力等情绪的影响，当肠子感应到压力时，会做出反应，为了消化必要的营养物质，会产生相关的分泌物。

压力杀死有益菌

过大的压力会破坏肠道中的有益菌生态平衡，使肠道的免疫力降低。当人体承受庞大压力时，身体的生理功能会出现紊乱现象，使胃液的分泌不正常，激素的分泌也会出现异常现象，人体的免疫系统就会逐渐衰退。在免疫力低下的环境中，肠内的有害菌就会大幅度地繁殖增加。这时若有病毒侵入肠道中，就很容易引发肠道疾病。

负面情绪引发胃肠失调

经常承受庞大压力的人，肠道的蠕动能力也较差，这是因为压力而杀死肠道内的有益菌因而引发的消化不良症状。

压力过大时，生理功能会出现紊乱现象，也很容易引发痉挛型便秘。许多人在考试或演讲前，会出现腹泻症状，或临时开会前出现胃肠不适，这些都是精神压力导致肠内菌群失调的结果。压力无法排解时，长期下来会使肠道的健康状态持续恶化。

人体紧张或烦恼时，负面的情绪会通过大脑皮质，扩散到边缘系统，进而影响神经系统，直接导致胃肠功能出现失调现象。

胃肠失调时，会分泌较多的胃酸与胃蛋白质，使胃部血管收缩，并导致幽门痉挛、胃黏膜保护层受损，胃部也会出现排空障碍。当上述症状出现时，会形成胃部自我消化，使溃疡症状出现。

你处在哪一种压力状态

下面依压力大小分成三种不同族群的人，压力过大或完全没有压力，都会对身体造成影响，只有适当的压力，才能给人良好的动力，健康也才能取得平衡。

项目 \ 压力类型	压力过大型	压力适中型	过度安逸型
平日生活方式	● 工作压力大 ● 烦恼多 ● 没有运动 ● 很少喝水 ● 晚睡 ● 常加班	● 每天运动 ● 经常走路 ● 高纤饮食居多 ● 常喝水 ● 心情愉快 ● 适当纾解压力	● 饮食高脂肪 ● 食量过于丰盛 ● 有车代步 ● 运动量不足
体形特征	● 脸色暗沉 ● 体形削瘦	● 气色佳 ● 体形适中	● 脸色苍白 ● 体形虚胖
肠道健康度	● 肠道压力大	● 肠道新陈代谢好	● 肠道蠕动迟缓

压力一族如何改善肠道健康

❶ **改变生活步调：** 调整作息，放慢脚步，尽量让自己保持从容愉快的心情，这对维护肠胃健康有帮助。

❷ **用餐细嚼慢咽：** 用餐时保持从容的步调，细嚼慢咽，同时不要一边工作一边用餐，也不要一边看电视一边吃饭。专心缓慢地用餐，能确保摄取的食物完整地被胃肠吸收。

❸ **芳香疗法舒缓压力：** 压力大的人不妨使用芳香疗法来放松心情。在办公室可以点薰衣草或迷迭香精油灯，透过精油的嗅吸，能帮助放松身心，达到舒缓紧绷情绪的效果。每天夜晚回到家中后，也可以用精油泡澡来放松全身，不仅具有消除疲劳的效果，也能帮助神经质的人容易入眠。

❹ **提早做准备：** 习惯性紧张的人，建议在前一天晚上将工作所需的文件与要穿的衣物准备齐全，能避免每天早晨出门前的紧张感。同时最好前一天晚上先将早餐食物准备好，让自己能在吃过早餐后从容地出门。

❺ **多摄取维生素B$_6$：** 充足的维生素B$_6$能改善情绪紧张与失眠等症状，有习惯性压力的人不妨摄取含有维生素B$_6$的饮食，调整容易紧张的体质。

富含维生素B$_6$的食物

肉类： 鸡肉、猪肉、牛肉、
　　　　瘦鱼肉、动物内脏
豆类： 红豆、绿豆、黄豆
蔬果类： 土豆、青豆、香蕉、
　　　　　苹果、紫菜
五谷杂粮类： 糙米、燕麦片、
　　　　　　　小麦胚芽
其他类： 鸡蛋、乳品、酵母

族群 ❹ 很少喝水者

很少喝水者肠道老化的主因

❶ 喝水太少
❷ 不喝白开水
❸ 以果汁或饮料代替开水

算算看你平常每天喝多少水量呢？很多人往往因为忙碌的工作模式与庞大的工作压力，而自动将饮水的习惯省略了，不然就是经常饮用市售的含糖饮料来替代开水，导致人们便秘与消化不良的症状与日俱增。有些上班族一整天下来，喝水的分量甚至不到一杯，加上成天待在有空调的办公室中，人体就会呈现出严重的缺水状态。

水分是产生粪便的重要元素

水分是构成粪便的主要原料。粪便中约有2/3是由水分构成，剩下的1/3则是纤维质，以及各种代谢后的老废细胞。

由此可知水分是产生粪便的重要元素，如果日常生活中的饮水量缺乏时，将难以顺利产生粪便，进而影响排便的正常，导致便秘出现。

缺水无法促进消化

喝水很少的人为什么都有便秘的烦恼？这是因为水分恰好是促进消化排泄不可或缺的要素。肠道在进行消化作用时，需要大量的水分才能使粪便通过肠道。饮水不足时，就无法有效供应肠道中的水分需求，停留在肠道中的粪便就会变得干燥，无法顺畅排出。

市售饮料威胁肠道健康

市售的各种饮料，通常含有许多肉眼看不见的潜在致病因子。各种添加剂如糖精、果浆、防腐剂、色素、碳酸成分等，对肠道会产生莫大的威胁。人工的化学合成添加剂，容易在肠道中刺激黏膜，引发肠道不正常的蠕动，无法快速代谢出体外的化学添加剂，容易在肠道中堆积成毒素，如此一来就很容易引发肠道感染或致癌的危机。

现做的饮料或果汁，如果制作过程不严谨，可能有大肠杆菌混杂其中，如喝下含有大肠杆菌的饮料，大肠杆菌会留在肠道内，等到免疫力下降时，会使肠道出现感染发炎现象。

很少喝水者如何改善肠道健康

❶ **喝白开水：** 白开水才有助于促进肠道健康，想要保持肠道健康，就绝对要避免习惯性依赖市售饮品，而应多喝白开水。不喝市售的含糖饮料或调制饮料还有一个好处，就是能帮助你省下更多花费。面对物价持续飙涨，工资却没有跟着往上调整的窘境，能省下的费用当然要尽量节省。

❷ **喝8大杯水：** 每天至少要喝下至少8大杯的水，才能满足身体新陈代谢所需要的水量。准备一个刻有容量标示的大水瓶，放在自己的办公桌前，从大水瓶中取水来饮用，这样不仅可以督促自己多喝水，也可以检视自己一天下来的总饮水量是否达到标准。

肠道易老的4大族群

项目 \ 族群	肉食&外食族	夜猫族	压力过大者	很少喝水者
肠道老化原因	❶ 偏食 ❷ 少吃蔬菜水果 ❸ 少吃粗纤维食物 ❹ 食物过于精致 ❺ 吃得太油腻	❶ 晚睡晚起 ❷ 以夜宵替代晚餐 ❸ 睡眠不足 ❹ 错过黄金排便时间	❶ 生活节奏过快 ❷ 没时间休息 ❸ 情绪紧绷 ❹ 赶时间 ❺ 压力过大	❶ 水喝太少 ❷ 不喝白开水 ❸ 以果汁或饮料取代开水
对身体的危害	❶ 肠道环境逐渐恶化 ❷ 肠道开始出现腐败现象 ❸ 肝肾功能低下 ❹ 体内酸性物质变多 ❺ 慢性病开始出现 ❻ 老化提早发生	❶ 神经衰弱 ❷ 食欲不振 ❸ 便秘 ❹ 高血压 ❺ 胃溃疡	❶ 痉挛型便秘 ❷ 免疫力下降 ❸ 胀气	❶ 影响正常排便 ❷ 便秘 ❸ 肠道感染发炎
改善方式	❶ 一周吃两次素食 ❷ 自己烹调 ❸ 自己采买食材 ❹ 应酬时多吃蔬菜	❶ 尽量提早休息 ❷ 睡前不吃高脂肪的食物	❶ 改变生活步调 ❷ 用餐细嚼慢咽 ❸ 芳香疗法舒缓压力 ❹ 提早做准备 ❺ 多摄取维生素B_6	❶ 喝白开水 ❷ 每天要喝8大杯水

图书在版编目（CIP）数据

肠道排毒养生事典 / 庄福仁编著.—2版.—北京：
中国纺织出版社，2014.6
（饮食健康智慧王系列）
ISBN 978-7-5180-0199-6

Ⅰ. ①肠… Ⅱ. ①庄… Ⅲ. ①毒物—排泄—食谱
Ⅳ. ①TS972.161
中国版本图书馆CIP数据核字（2014）第054340号

原文书名：《肠道排毒自然养生法》
原作者名：庄福仁
©台湾人类智库数位科技股份有限公司，2013
本书中文简体版经台湾人类智库数位科技股份有限公司授权，由中国
纺织出版社独家出版发行。本书内容未经出版者书面许可，不得以任
何方式或手段复制、转载或刊登。
著作权合同登记号：图字：01-2014-0934

责任编辑：卢志林　　责任印制：何　艳
装帧设计：水长流文化

中国纺织出版社出版发行
地址：北京市朝阳区百子湾东里A407号楼　邮政编码：100124
销售电话：010－87155894　传真：010－87155801
http: // www.c-textilep.com
E-mail: faxing@c-textilep.com
官方微博 http://weibo.com/2119887771
北京佳信达欣艺术印刷有限公司印刷　　各地新华书店经销
2010年8月第1版　2014年6月第2版第3次印刷
开本：710×1000　1 / 16　印张：14
字数：200千字　定价：49.80元

凡购本书，如有缺页、倒页、脱页，由本社图书营销中心调换

尚锦图书